高等职业教育自动化类专业规划教材

CAD 项目化实训教程

陈丽娟　周国平　主编

电子工业出版社

Publishing House of Electronics Industry

北京·BEIJING

内 容 简 介

本教材是由高职高专院校一线骨干教师针对机电一体化专业的课程设置，将机械制图和电气制图学习内容组合在一起，融合教学中的实践经验，采用"任务驱动法"，选取典型案例作为项目任务，将相关CAD命令有机地串联起来的。本教材作图步骤、命令提示和插图都非常详尽，可操作性强，适合职业院校作为教材或读者自学用书。

图书在版编目（CIP）数据

CAD 项目化实训教程/陈丽娟，周国平主编. —北京：电子工业出版社，2016.5

ISBN 978-7-121-28565-3

Ⅰ.①C… Ⅱ.①陈… ②周… Ⅲ.①计算机辅助设计—高等学校—教材 Ⅳ.①TP391.7

中国版本图书馆 CIP 数据核字(2016)第 073673 号

策划编辑：贺志洪

责任编辑：贺志洪

特约编辑：薛　阳　徐堃

印　　刷：北京七彩京通数码快印有限公司

装　　订：北京七彩京通数码快印有限公司

出版发行：电子工业出版社

　　　　　北京市海淀区万寿路 173 信箱　邮编 100036

开　　本：787×1 092　1/16　印张：16　字数：409.6 千字

版　　次：2016 年 5 月第 1 版

印　　次：2025 年 2 月第 9 次印刷

定　　价：36.00 元

凡所购买电子工业出版社图书有缺损问题，请向购买书店调换。若书店售缺，请与本社发行部联系，联系及邮购电话：（010）88254888。

质量投诉请发邮件至 zlts@phei.com.cn，盗版侵权举报请发邮件至 dbqq@phei.com.cn。

服务热线：（010）88258888。

前　言

本教材以培养学生识图与制图技能为目标，精选必备的基础知识和技能，具有很强的针对性、实用性，在内容编排上以项目为引导、任务为驱动，以实际绘图案例为核心渗透知识与技能，将理论知识与技能操作分解到每一个具体的任务中，使学生在完成任务过程中学习知识、掌握技能、体验成就感、达到灵活运用的目的。

教材内容共分两篇：基础篇和实践项目篇。基础篇包括机械制图的基本规定标准、画法标准、标注标准等，电气简图用图形符号标准和 CAD 基础知识。实践项目篇包括典型机械零件和典型电气电路图绘制。各任务名称及建议课时如下表所示：

名称	项目名称	任务名称	建议课时
基础篇	项目一　制图基础知识	任务一　机械制图标准	2
		任务二　电气制图标准	
	项目二　CAD基础知识	任务一　了解CAD	1
		任务二　AutoCAD有关命令的操作	2
		任务三　设置图层	1
		任务四　绘制平面图形	4
		任务五　创建样板文件	6
项目篇绘制典型机械零件图	项目一　绘制典型机械零件图	任务一　绘制轴类零件	4
		任务二　绘制盘类零件	4
		任务三　绘制箱体零件	6
项目篇绘制典型电路图	项目一　绘制电气常用图形	任务一　绘制概略图	4
		任务二　绘制功能图	6
		任务三　绘制接线图	6
	项目二　绘制电气控制原理图	任务一　绘制混合自动生产线电气原理图	10
		任务二　绘制万能铣床电气控制原理图	10
		任务三　绘制建筑电气图	6
合计			72

本书由德州职业技术学院陈丽娟、周国平主编，参加编写的还有德州职业技术学院李志鹏、栾玉静，东营职业技术学院的张明明，潍坊职业学院的赵焕翠、刘晓燕。其中，陈丽娟编写项目篇绘制典型机械零件图和任务——绘制万能铣床电气控制原理图，周国平编

写项目绘制电气常用图形、任务——绘制建筑电气图，李志鹏编写了任务——绘制混合自动生产线电气原理图，栾玉静编写了基础篇中项目二 CAD 基础知识，张明明编写基础篇中电气制图标准部分，赵焕翠、刘晓燕编写基础篇中机械制图标准部分。本书在编写过程中得到了学院领导和其他同事的大力支持，在此表示衷心感谢。

由于编者水平有限，书中错误难免，欢迎读者提出宝贵意见和建议。

编　者

2016 年 2 月

目　录

基础篇 ...... - 1 -

项目一　工程图样的国家标准 ...... - 3 -

任务　制图的国家标准规定 ...... - 3 -

知识点 1　图线及其画法 ...... - 4 -

知识点 2　图纸幅面、格式和标题栏 ...... - 6 -

知识点 3　比例（GB/T 14689—1993） ...... - 8 -

知识点 4　字体（GB/T 14691—1993） ...... - 9 -

知识点 5　尺寸标注的方法和规则 ...... - 10 -

知识点 6　电气图用图形符号 ...... - 15 -

知识点 7　电气设备用图形符号 ...... - 22 -

知识点 8　文字符号 ...... - 24 -

知识点 9　项目代号 ...... - 30 -

项目二　CAD 基础入门 ...... - 32 -

任务一　认识 CAD ...... - 32 -

知识点 1　启动 AutoCAD Electrical2014 的方法 ...... - 33 -

知识点 2　AutoCAD Electrical2014 界面介绍 ...... - 33 -

知识点 3　AutoCAD Electrical2014 工作空间 ...... - 37 -

知识点 4　退出 AutoCAD Electrical2014 的方法 ...... - 37 -

任务二　AutoCAD Electrical2014 中有关命令的操作 ...... - 42 -

知识点 1　启动命令的方法 ...... - 43 -

知识点 2　响应命令的方法 ...... - 44 -

知识点 3　命令的放弃、重做、中止和重复执行 ...... - 45 -

知识点 4　捕捉和栅格 ...... - 45 -

知识点 5　正交 ...... - 46 -

知识点 6　图形的缩放 .... - 47 -

知识点 7　图形的平移 .... - 49 -

任务三　设置图层 .... - 51 -

知识点 1　新建图形文件 .... - 52 -

知识点 2　打开图形文件 .... - 52 -

知识点 3　保存/另存为图形文件 .... - 53 -

知识点 4　图层的设置 .... - 54 -

任务四　绘制平面图形 .... - 60 -

知识点 1　绘制点 .... - 61 -

知识点 2　绘制直线 .... - 62 -

知识点 3　绘制圆 .... - 64 -

知识点 4　圆弧 .... - 66 -

知识点 5　矩形 .... - 67 -

知识点 6　正多边形 .... - 67 -

知识点 7　修剪 .... - 68 -

知识点 8　偏移 .... - 68 -

知识点 9　倒圆角 .... - 69 -

知识点 10　倒直角 .... - 69 -

知识点 11　图案填充 .... - 69 -

知识点 12　阵列 .... - 79 -

知识点 13　选择对象 .... - 79 -

任务五　创建机械样板文件 .... - 92 -

知识点 1　图形单位 .... - 93 -

知识点 2　图形界限 .... - 95 -

知识点 3　文字样式 .... - 97 -

知识点 4　尺寸样式 .... - 105 -

知识点 5　表格 .... - 117 -

实践项目篇：绘制典型机械零件图 .... - 135 -

项目三　绘制典型机械零件图 .... - 137 -

任务一　绘制传动轴零件图 .... - 137 -

知识点 1　轴类零件的识读方法 .... - 138 -

知识点 2　轴类零件的结构特点 .... - 139 -

知识点 3　轴类零件图视图表达方法的选用 .... - 139 -

知识点 4　剖视图的画法 .... - 139 -

知识点 5　尺寸标注 .... - 140 -

知识点 6　多重引线标注 .... - 143 -

知识点 7　分解对象 .... - 145 -

知识点 8　移动对象 .... - 146 -

知识点 9　尺寸公差的标注 .... - 146 -

知识点 10　形位公差的标注 .... - 148 -

知识点 11　镜像对象 .... - 149 -

知识点 12　复制对象 .... - 149 -

任务二　绘制盘类零件 .... - 155 -

知识点 1　盘类零件的表达方法 .... - 156 -

知识点 2　盘类零件的尺寸标注 .... - 156 -

知识点 3　盘类零件的技术要求 .... - 156 -

任务三　绘制箱体类零件 .... - 161 -

知识点 1　箱体类零件的结构特点 .... - 162 -

知识点 2　箱体类零件的表达方法和画法 .... - 162 -

知识点 3　打断对象 .... - 162 -

知识点 4　旋转对象 .... - 163 -

实践项目篇：绘制电气图 .... - 169 -

项目四　绘制基本电气图形 .... - 171 -

任务一　绘制概略图 .... - 171 -

知识点 1　概略图的特点 .... - 172 -

知识点 2　概略图绘制应遵循的基本原则 .... - 172 -

任务二　绘制功能图 .... - 176 -

知识点 1　功能图的基本特点 .... - 177 -

知识点 2　逻辑功能图绘制的基本原则 .... - 178 -

任务三　接线图 .... - 182 -

知识点 1　导线的一般画法 .... - 183 -

知识点 2　互连接线的画法 .... - 184 -

项目五　绘制电气原理图 .... - 188 -

任务一　绘制自动混合生产线电气原理图 .... - 188 -

知识点 1　图块 .... - 190 -

知识点 2　自动混合生产线的设计要求 .... - 192 -

任务二　绘制 X62W 万能铣床电气控制原理图 .... - 217 -

知识点 1　X62W 万能铣床电气控制分析 ....- 218 -

知识点 2　电气原理图的绘制原则 ....- 218 -

知识点 3　电气原理图图面区域的划分 ....- 219 -

知识点 4　电气原理图符号位置的索引 ....- 219 -

任务三　绘制建筑电气平面图形 ....- 228 -

知识点 1　多线 ....- 229 -

知识点 2　电气照明平面图的基本绘制原则 ....- 230 -

附录　练习图形 ....- 242 -

基础篇

项目一　工程图样的国家标准
　　任务　制图的国家标准规定
项目二　CAD 基础入门
　　任务一　认识 CAD
　　任务二　AutoCAD Electrical2014 中有关命令的操作
　　任务三　设置图层
　　任务四　绘制平面图形
　　任务五　创建机械样板文件

项目一 工程图样的国家标准

项目描述

为了正确绘制和阅读机械图样，也为了便于指导生产及对加强我国与世界各国的技术交流，中华人民共和国国家质量监督检验检疫总局发布《技术制图》和《机械制图》等一系列国家标准。《技术制图》标准在内容上具有统一性和通用性，它涵盖了机械、电气、水利等行业。《机械制图》标准则是机械类专业制图标准。国家标准《技术制图》和《机械制图》国家标准是工程界重要的技术基础标准，是绘制和阅读工程图样的依据。工程技术人员必须熟悉和掌握有关标准和规定。

国家标准简称国标，其注写形式由编号和名称两部分组成，例如 GB/T 4656.1—2000，其中，GB/T 是表示推荐性国标，4656.1 是标准编号，2000 是发布年份。

任务 制图的国家标准规定

学习目标

- 掌握并严格遵守制图国家标准的有关规定。
- 掌握正确的绘图步骤及尺寸标注法。

任务提出

在学习相关国家制图标准后，解决以下问题：

1.工程制图 CAD 的规范有哪些？

2.工程制图中规定的常用图线有几种？各用在什么方面？

3.电气制图的字体、比例是怎样规定的？

4.电气制图中图形符号的构成有哪几项？

5.项目代号"=X1-M2"表示的意义是什么？

 相关知识

知识点1 图线及其画法

1．图线线型及应用（GB/T 4457.4—2002）

《机械制图图样画法图线》规定了各种图线的名称、线型、宽度以及在机械图样的一般应用。机械制图中常用的图线有9种，如表 1-1 所示。

表 1-1 基本线型及应用

图线名称	代码	线型	线宽	一般应用
细实线	01		$d/2$	（1）过渡线 （2）尺寸线 （3）尺寸界线 （4）指引线和基准线 （5）剖面线 （6）重合断面的轮廓线 （7）螺纹牙底线
粗实线	02		d	（1）可见棱边线 （2）可见轮廓线 （3）相贯线 （4）螺纹牙顶线 （5）螺纹长度终止线
粗虚线	03		d	允许表面处理的表示线
双折线	04		$d/2$	（1）断裂处边界线 （2）视图与剖视图的分界线
波浪线	05		$d/2$	（1）断裂处边界线 （2）视图与剖视图的分界线
细点画线	06		$d/2$	（1）轴线 （2）对称中心线 （3）分度圆（线）
粗点画线	07		d	限定范围表示线
双点画线	08		$d/2$	（1）相邻辅助零件的轮廓线 （2）可动零件的极限位置的轮廓线 （3）轨迹线
细虚线	09		$d/2$	（1）不可见棱边线 （2）不可见轮廓线

2．图线的宽度

国家标准规定了 9 种图线宽度。线型的图线宽度（d）应按图样的类型和尺寸大小在下列数系中选择：0.13mm，0.18mm，0.25mm，0.35mm，0.5mm，0.7mm，1.0mm，1.4mm，2mm。机械制图中的图线分为粗、细两种，它们的宽度之比为 2:1。粗线宽度优先选用 0.5mm 和 0.7mm 两组。为了保证图样的清晰度、易读性和便于缩微复制，应尽量避免采用小于 0.18mm 的图线。

3．图线应用

图线应用示例如图 1-1 所示。

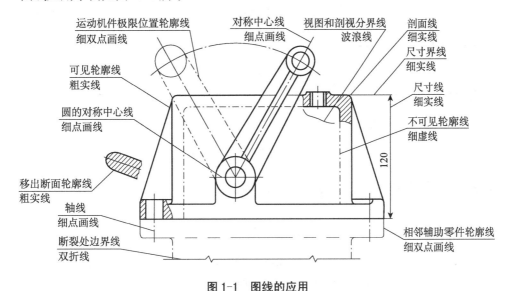

图 1-1　图线的应用

4．图线的画法

（1）同一图样中，同类图线的宽度应基本一致。虚线、点画线及双点画线的长度和间隔应各自大致相等。

（2）两条平行线之间的距离最小间距不小于 0.7mm。

（3）绘制圆的对称中心线时，点画线两端应超出圆的轮廓线 2～5mm；点画线、双点画线的首末两端应是长画，而不是间隔和点。点画线、双点画线的点不是点，而是一个约 1mm 的短画；圆心应是长画的交点。在较小的图形上绘制点画线有困难时，可用细实线代替，如图 1-1 所示。

（4）虚线、点画线或双点画线和实线相交或它们自身相交时，应以"画"相交，而不应为"点"或"间隔"；虚线、点画线或双点画线为实线的延长线时，不得与实线相连，如图 1-2 所示。

（5）当图线与文字、数字或符号重叠、混淆、不可避免时，应断开图线，以保证文字、数字或符号清晰。

（6）当有两种或两种以上的图线重合时，其重合部分的线型优先选择顺序为可见轮廓线、不可见轮廓线、尺寸线、各种用途的细实线、轴线和对称中心线。

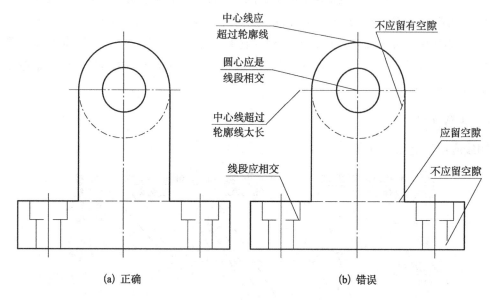

(a) 正确　　　　　　　　　　　　　　(b) 错误

图 1-2　虚线与点画线的画法

知识点 2　图样幅面、格式和标题栏

1．图样幅面（GB/T 14689—2008）

图样幅面是指图样宽度和长度组成的图面。图样幅面有基本幅面和加长幅面两类。绘制技术图样时，优先选用表 1-2 中的基本幅面规格尺寸。

表 1-2　图样幅面尺寸和图框尺寸

幅面代号	A0	A1	A2	A3	A4
$B \times L$	841×1189	594×841	420×594	297×420	210×297
e	20			10	
c	10			5	
a	25				

必要时，可以选用加长幅面规格尺寸。加长幅面是按基本幅面的短边成整数倍增加。

2．图框格式（GB/T 14689—1993）

图框是图纸上限定绘图区域的线框。在图样上，必须用粗实线画出图框，图样画在图框内部。图框格式分为留装订边和不留装订边两种，如图 1-3 和图 1-4 所示。

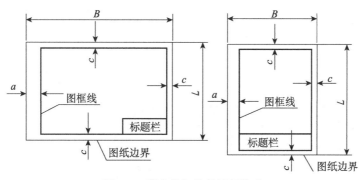

图 1-3　留有装订边的图框格式

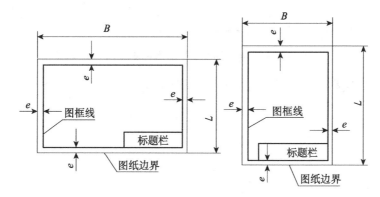

图 1-4　不留有装订边图框格式

3．标题栏

标题栏是由名称、代号区、签字区、更改区和其他区域组成的栏目。标题栏的基本要求、内容、尺寸和格式由 GB/T 10609.1—2008《技术制图标题栏》规定。标题栏位于图纸右下角，底边与下图框线重合，右边与右图框线重合。

零件图采用图 1-5 所示的标题栏，装配图标题栏的格式如图 1-6 所示。

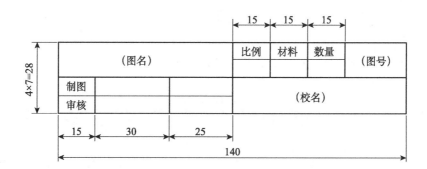

图 1-5　零件图标题栏的格式及尺寸

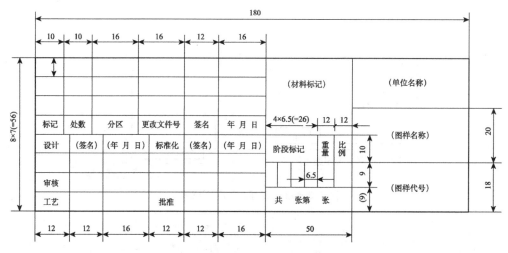

图 1-6　装配图标题栏的格式及尺寸

为了使图样复制和缩微摄影时定位方便，均应在图纸各边的中点处分别画出对中符号，如图 1-7 所示。

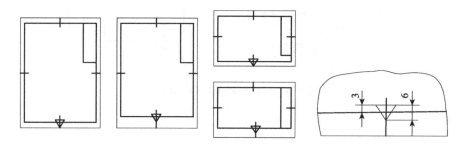

图 1-7　有对中符号的图框格式

知识点 3　比例（GB/T 14689—1993）

比例是指图样中图形与实物相应要素的线性尺寸之比。图样比例分为原值比例、放大比例和缩小比例三种。原值比例是比值等于 1 的比例，如 1∶1；缩小比例是比值小于 1 的比例（大而简单的机件），如 1∶3；放大比例是比值大于 1 的比例（小而复杂的机件），如 4∶1。

绘制图样时，应根据实际需要选用表 1-3 规定的比例。

表 1-3　绘图比例

种　类	优先选择系列	允许选用的比例
原值比例	1∶1	
放大比例	5∶1　2∶1　5×10^n∶1　2×10^n∶1　1×10^n∶1	2.5∶1　4∶1　2.5×10^n∶1　4×10^n∶1
缩小比例	1∶2　1∶5　$1∶2 \times 10^n$　$1∶5 \times 10^n$　$1∶1 \times 10^n$	1∶1.5　1∶2.5　1∶3　1∶4 1∶6　$1∶1.5 \times 10^n$　$1∶2.5 \times 10^n$　$1∶3 \times 10^n$ $1∶4 \times 10^n$　$1∶6 \times 10^n$

绘制同一机件的各视图应采用相同的比例，一般标注在标题栏中，必要时标注在视图名称的下方或右侧。不论采用何种比例，图形中标注的尺寸按机件的实际尺寸大小标出，与所选的比例无关。

知识点4 字体（GB/T 14691—1993）

字体指的是图中文字、字母、数字的书写形式。国家标准 GB/T 14691—1993《技术制图字体》对字体做了规定。图样上所注写的汉字、数字、字母必须做到：字体工整、笔画清楚、间隔均匀、排列整齐。

字体的号数即字体的高度（h），其公称尺寸系列为：1.8mm，2.5mm，3.5mm，5mm，7mm，10mm，14mm，20mm。

1．汉字

汉字应写成长仿宋体字，并应采用国家正式公布推行的《汉字简化方案》中规定的简化字。汉字的高度 h 不应小于 3.5mm，其字宽一般为 $h/2$。

长仿宋体汉字的书写要领是：横平竖直、注意起落、结构均匀、填满方格。

字体示例如下：

10号字

字体工整笔画清楚排列整齐间隔均匀

7号字

横平竖直注意起落结构均匀填满方格

5号字

技术制图机械电子汽车航空船舶土木建筑矿山井坑港口纺织服装

3.5号字

螺纹齿轮端子接线飞行指导驾驶舱位挖填施工引水通风闸阀坝棉麻化纤

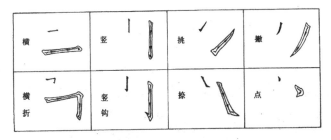

长仿宋体汉字的基本笔画

2．数字和字母

数字和字母可写成直体或斜体。斜体的字头向右倾斜，与水平基准线成 75°。同一图样上，只允许选用一种形式的字体。

数字和字母示例如下：

阿拉伯数字和常用字母书写笔序

ABCDEFGHIJKLMN
OPQRSTUVWXYZ

大写斜体汉语拼写字母

abcdefghijklmn
opqrstuvwxyz

小写斜体汉语拼音字母

αβγδεηθλμξπρστφω

常用小写斜体希腊字母

I II III IV V VI VII VIII IX X

斜体罗马数字

而对于用做指数、分数、极限偏差、注角的数字及字母，一般应采用小一号字体。示例如下：

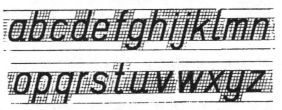

知识点 5　尺寸标注的方法和规则

图样中的视图只能表达物体的形状，物体各部分的真实大小及准确相对位置要靠标注尺寸来确定。尺寸也可配合图形表达物体的形状。国家标准 GB/T 4458.4—2003《机械制图尺寸注法》和 GB/T 16675.2—1996《技术制图简化表示法第 2 部分：尺寸注法》对尺寸标注的基本方法做了规定，在绘制、阅读图样时必须严格遵守。

1．标注的基本规则

● 机件的真实大小应以图样上所注尺寸数值为依据，与图形的大小及绘图的准确度无关。

- 机件的每一尺寸，一般只标注一次，并应标注在反映该结构最清晰的图形上。
- 图样中的尺寸，以 mm 为单位时，不需标注计量单位的代号或名称，如采用其他单位，则必须注明相应的计量单位的代号或名称。
- 图样中所标注的尺寸，为该图样所示机件的最后完工尺寸，否则应另加说明。

2．尺寸的组成

一个完整的尺寸由尺寸界线、尺寸线、尺寸数字和尺寸线终端组成，如图 1-8 所示。

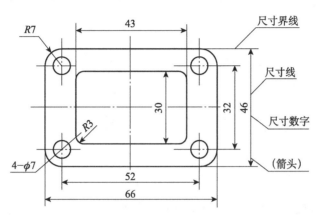

图 1-8　尺寸的组成

（1）尺寸界线

尺寸界线用细实线绘制，一般由图形的轮廓线、轴线或对称中心线处引出，也可利用轮廓线、轴线或对称中心线本身作尺寸界线。尺寸界线超出尺寸线 2～3mm，尺寸界线一般应与尺寸线垂直，必要时允许倾斜，如图 1-9 所示。

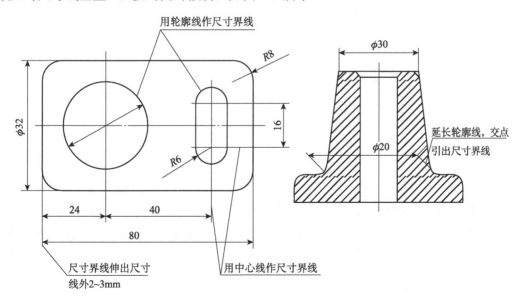

图 1-9　尺寸界线

（2）尺寸线

尺寸线必须用细实线单独绘出，不得由其他任何线代替，也不得画在其他图线的延长线上，并应避免尺寸线之间相交，如图 1-10 所示。

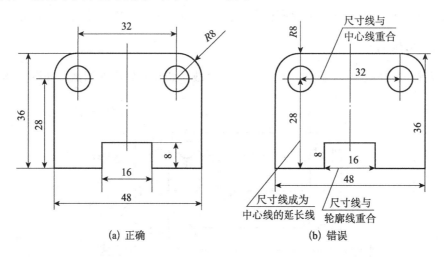

（a）正确   （b）错误

图 1-10　尺寸线

线性尺寸的尺寸线应与所标注的线段平行。相互平行的尺寸线，大尺寸在外，小尺寸在内，尽量避免尺寸界线与尺寸线相交，且平行尺寸线间的间距尽量保持一致，一般为 5～10mm。

（3）尺寸线终端

尺寸线终端有两种形式：箭头和斜线，同一张图样中只能采用一种尺寸线终端。机械图样一般用箭头形式，箭头尖端与尺寸界线接触，不得超出也不得离开，如图 1-11 所示。

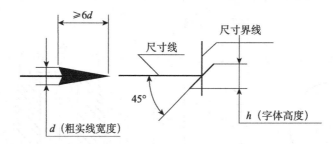

图 1-11　尺寸线终端

（4）尺寸数字

尺寸数字按标准字体书写，且同一张纸上的字高要一致。线性尺寸数字一般注写在尺寸线的上方，也允许注写在尺寸线的中断处，字头朝上；垂直方向的尺寸数值应注写在尺寸线的左侧，字头朝左；倾斜方向的尺寸数字，应保持字头向上的趋势。尺寸数字不能被任何图线通过，否则应将该图线断开，如图 1-12 所示。

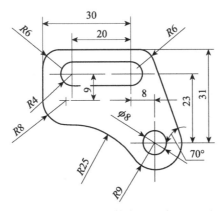

图 1-12　尺寸数字注写位置

线性尺寸数字方向，按图 1-13（a）所示方向填写，并尽可能避免在图示 30°范围内标注尺寸，无法避免时，应按图 1-13（b）所示标注。

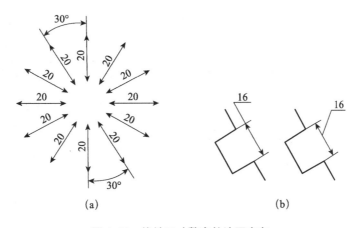

(a)　　　　　　　　　　　　　(b)

图 1-13　线性尺寸数字的注写方向

3．尺寸注法示例

尺寸标注示例如表 1-4 所示。

表 1-4　尺寸标注示例

内容	图例	说明
直线尺寸的注法	(a) 正确　　　　(b) 错误	（1）同一方向的连续尺寸，应保证尺寸线在一条线上 （2）同一方向的不同大小尺寸，应遵循"内小外大"原则，并避免尺寸线与尺寸界线相交

内容	图例	说明
直径尺寸的注法		（1）标注直径,应在尺寸数字前加注符号"ϕ" （2）直径尺寸线应通过圆心或平行直径 （3）直径尺寸线圆周或尺寸界线接触处画箭头终端 （4）不完整圆的尺寸线应超过半径 （5）标注球面的直径或半径,在符号"R"或"ϕ"前加注符号"s"
小尺寸的注法		（1）小图形,没地方标尺寸时,箭头可放在尺寸界线外面,尺寸数字可写在尺寸界线外面或引出标注,也允许用圆点或斜线代替箭头 （2）标注小直径或小半径时,箭头和数字都可布置在尺寸界线外面,但尺寸线一定要过圆或圆弧的中心,或箭头指向圆心
角度尺寸的注法		（1）角度的数字一律水平书写 （2）角度的数字一般注写在尺寸线的中断处,也可注写在上方或引出标注 （3）角度的尺寸线为圆弧,尺寸界线沿径向引出
其他结构尺寸的注法		（1）倒角 （2）弧长的尺寸线是该圆弧的同心圆,尺寸界线平行于弦长的垂直平行线 （3）板状零件的厚度,在尺寸数字前加符号"t"

知识点 6 电气图用图形符号

1. 图形符号的构成

电气图用图形符号通常由一般符号、符号要素、限定符号、方框符号和组合符号等组成。

- 一般符号。它是用来表示一类产品和此类产品特征的一种通常很简单的符号。

- 符号要素。它是一种具有确定意义的简单图形，不能单独使用。符号要素必须同其他图形组合后才能构成一个设备或概念的完整符号。

- 限定符号。它是用以提供附加信息的一种加在其他符号上的符号。通常它不能单独使用。有时一般符号也可用做限定符号，如电容器的一般符号加到扬声器符号上即构成电容式扬声器符号。

- 框形符号。它是用来表示元件、设备等的组合及其功能的一种简单图形符号。既不给出元件、设备的细节，也不考虑所有连接。通常使用在单线表示法中，也可用在全部输入和输出接线的图中。

- 组合符号。它是指通过以上已规定的符号进行适当组合所派生出来的、表示某些特定装置或概念的符号。

2. 图形符号的分类

新的《电气图用图形符号 总则》国家标准代号为 GB/T 4728.1—1985，采用国际电工委员会（IES）标准，在国际上具有通用性，有利于对外技术交流。GB/T 4728 电气图用图形符号共分 13 部分。

（1）总则。有本标准内容提要、名词术语、符号的绘制、编号使用及其他规定。

（2）符号要素、限定符号和其他常用符号。内容包括轮廓和外壳、电流和电压的种类、可变性、力或运动的方向、流动方向、材料的类型、效应或相关性、辐射、信号波形、机械控制、操作件和操作方法、非电量控制、接地、接机壳和等到电位、理想电路元件等。

（3）导体和连接件。内容包括电线、屏蔽或绞合导线、同轴电缆、端子导线连接、插头和插座、电缆终端头等。

（4）基本无源元件。内容包括电阻器、电容器、电感器、铁氧体磁芯、压电晶体、驻极体等。

（5）半导体管和电子管。如二极管、三极管、电子管等。

（6）电能的发生与转换。内容包括绕组、发电机、变压器等。

（7）开关、控制和保护器件。内容包括触点、开关、开关装置、控制装置、起动器、继电器、接触器和保护器件等。

（8）测量仪表、灯和信号器件。内容包括指示仪表、记录仪表、热电偶、传感器、灯、电铃、峰鸣器、喇叭等。

（9）电信：交换和外围设备。内容包括交换系统、选择器、电话机、电报和数据处理设备、传真机等。

（10）电信：传输。内容包括通信电路、天线、波导管器件、信号发生器、激光器、调制器、解调器、光纤传输。

（11）建筑安装平面布置图。内容包括发电站、变电所、网络、音响和电视的分配系统、建筑用设备、露天设备。

（12）二进制逻辑元件。内容包括计数器、存储器等。

（13）模拟元件。内容包括放大器、函数器、电子开关等。

常用电气图图形符号如表 1-5 所示。

表 1-5　电气图形常用图形符号及画法使用命令

序号	图形符号	说明	画法使用命令
1		直流电 电压可标注在符号右边，系统类型可标注在左边	直线
2		交流电 频率或频率范围可标注在符号的左边	样条曲线
3		交直流	直线、样条曲线
4		正极性	直线
5		负极性	直线
6		运动方向或力	引线
7		能量、信号传输方向	直线
8		接地符号	直线
9		接机壳	直线
10		等电位	正三角形、直线
11		故障	引线、直线
12		导线的连接	直线、圆、图案填充
13		导线跨越而不连接	直线

（续表）

序号	图形符号	说明	画法使用命令
14		电阻器的一般符号	矩形□、直线╱
15		电容器的一般符号	直线╱、圆弧╱
16		电感器、线圈、绕组、扼流圈	直线╱、圆弧╱
17		原电池或蓄电池	直线╱
18		动合（常开）触点	直线╱
19		动断（常闭）触点	直线╱
20		延时闭合的动合（常开）触点 带时限的继电器和接触器触点	直线╱、圆弧╱
21		延时断开的动合（常开）触点	
22		延时闭合的动断（常闭）触点	
23		延时断开的动断（常闭）触点	
24		手动开关的一般符号	直线╱
25		按钮开关	
26		位置开关，动合触点 限制开关，动合触点	
27		位置开关，动断触点 限制开关，动断触点	

序号	图形符号	说明	画法使用命令
28		多极开关的一般符号，单线表示	直线
29		多极开关的一般符号，多线表示	直线
30		隔离开关的动合（常开）触点	
31		负荷开关的动合（常开）触点	直线 、圆弧
32		断路器（自动开关）的动合（常开）触点	直线
33		接触器动合（常开）触点	直线 、圆弧
34		接触器动断（常闭）触点	
35		继电器、接触器等的线圈一般符号	矩形 、直线
36		缓吸线圈（带时限的电磁电器线圈）	
37		缓放线圈（带时限的电磁电器线圈）	直线 、矩形 图案填充
38		热继电器的驱动器件	直线 、矩形
39		热继电器的触点	直线

（续表）

序号	图形符号	说明	画法使用命令
40		熔断器的一般符号	直线 ✎、矩形 ▭
41		熔断器式开关	直线 ✎、矩形 ▭ 旋转 ↻
42		熔断器式隔离开关	
43		跌开式熔断器	直线 ✎、矩形 ▭ 旋转 ↻、圆 ◷
44		避雷器	矩形 ▭ 图案填充 ⊠
45	●	避雷针	圆 ◷、图案填充 ⊠
46	Ⓧ	电机的一般符号 C—同步变流机 G—发电机 GS—同步发电机 M—电动机 MG—能作为发电机或电动机使用的电机 MS—同步电动机 SM—伺服电机 TG—测速发电机 TM—力矩电动机 IS—感应同步器	直线 ✎
47	Ⓜ~	交流电动机	圆 ◷、多行文字 Ａ
48		双绕组变压器，电压互感器	
49		三绕组变压器	直线 ✎、圆 ◷、复制 ⅋、 修剪 ✂
50		电流互感器	

序号	图形符号	说明	画法使用命令
51		电抗器，扼流圈	直线、圆、修剪
52		自耦变压器	直线、圆、圆弧
53	V	电压表	圆、多行文字 A
54	A	电流表	
55	cosφ	功率因数表	
56	Wh	电度表	矩形、多行文字 A
57		钟	圆、直线、修剪
58		电铃	
59		电喇叭	矩形、直线
60		蜂鸣器	圆、直线、修剪
61		调光器	圆、直线
62	t	限时装置	矩形、多行文字 A
63		导线、导线组、电线、电缆、电路、传输通路等线路母线一般符号	直线
64		中性线	圆、直线、图案填充
65		保护线	直线
66	⊗	灯的一般符号	直线、圆
67	A-B C	电杆的一般符号	圆、多行文字 A

（续表）

序号	图形符号	说明	画法使用命令
68	11 12 13 14 15	端子板	矩形 ⬜、多行文字 **A**
69	▭	屏、台、箱、柜的一般符号	矩形 ⬜
70	▬	动力或动力—照明配电箱	矩形 ⬜、图案填充 ⬚
71		单项插座	圆 ◷、直线 ✎、修剪 ⊬
72		密闭（防水）	
73		防爆	圆 ◷、直线 ✎、修剪 ⊬、图案填充 ⬚
74		电信插座的一般符号 可用文字和符号加以区别： TP—电话 TX—电传 TV—电视 *—扬声器 M—传声器 FM—调频	直线 ✎、修剪 ⊬
75		开关的一般符号	圆 ◷、直线 ✎
76		钥匙开关	矩形 ⬜、圆 ◷、直线 ✎
77		定时开关	
78	⋈	阀的一般符号	直线 ✎
79		电磁制动器	矩形 ⬜、直线 ✎
80	◎	按钮的一般符号	圆 ◷
81		按钮盒	矩形 ⬜、圆 ◷
82		电话机的一般符号	矩形 ⬜、圆 ◷、修剪 ⊬
83		传声器的一般符号	圆 ◷、直线 ✎

（续表）

序号	图形符号	说明	画法使用命令
84		扬声器的一般符号	矩形▭、直线╱
85		天线的一般符号	直线╱
86		放大器的一符号 中断器的一般符号，三角形指传输方向	正三角形⬠、直线╱
87		分线盒一般符号	
88		室内分线盒	圆◷、修剪⊹、直线╱
89		室外分线盒	
90		变电所	
91		杆式变电所	圆◷
92		室外箱式变电所	直线╱、矩形▭、图案填充▨
93		自耦变压器式启动器	矩形▭、圆◷、直线╱
94		真空二极管	
95		真空三极管	圆◷、直线╱
96		整流器框形符号	矩形▭、直线╱

知识点 7　电气设备用图形符号

1．电气设备用图形符号的用途

电气设备用图形符号是完全区别于电气图用图形符号的另一类符号。设备用图形符号主要用于各种类型的电气设备或电气设备部件，使操作人员了解其用途和操作方法。这些符号也可用于安装或移动电气设备的场合，以指出诸如禁止、警告、规定或限制等应注意的事项。

在电气图中，尤其是在某些电气平面图、电气系统说明书用图等图中，也可以适当地使用这些符号，以补充这些图形所包含的内容。

设备用图符号与电气简图用图符号的形式大部分是不同的。但有一些也是相同的，不过含义大不相同。例如，设备用熔断器图形符号，虽然与电气简图符号的形式是一样的，但电气简图用熔断器符号表示的是一类熔断器。而设备用图形符号如果标在设备外壳上，则表示熔断器盒及其位置；如果标在某些电气图上，也仅仅表示这是熔断器的安装位置。

2．常用设备用图形符号

电气设备用图形符号分为 6 个部分：通用符号，广播、电视及音响设备符号，通信、测量、定位符号，医用设备符号，电话教育设备符号，家用电器及其他符号，如表 1-6 所示。

表 1-6　常用设备用图形符号

序号	名称	符号	应用范围
1	直流电		适用于直流电的设备的铭牌上，以及用来表示直流电的端子
2	交流电		适用于交流电的设备的铭牌上，以及用来表示交流电的端子
3	正极		表示使用或产生直流电设备的正端
4	负极		表示使用或产生直流电设备的负端
5	电池检测		表示电池测试按钮和表明电池情况的灯或仪表
6	电池定位		表示电池盒本身及电池的极性和位置
7	整流器		表示整流设备及其有关接线端和控制装置
8	变压器		表示电气设备可通过变压器与电力线连接的开关、控制器、连接器或端子，也可用于变压器包封或外壳上
9	熔断器		表示熔断器盒及其位置
10	测试电压		表示该设备能承受 500V 的测试电压
11	危险电压		表示危险电压引起的危险
12	接地		表示接地端子
13	保护接地		表示在发生故障时防止电击的与外保护导线相连接的端子，或与保护接地相连接的端子
14	接机壳、接机架		表示连接机壳、机架的端子
15	输入		表示输入端
16	输出		表示输出端
17	过载保护装置		表示一个设备装有过载保护装置

序号	名称	符号	应用范围
18	通		表示已接通电源，必须标在开关的位置
19	断		表示已与电源断开，必须标在开关的位置
20	可变性（可调性）		表示量的被控方式，被控量随图形的宽度而增加
21	调到最小		表示量值调到最小值的控制
22	调到最大		表示量值调到最大值的控制
23	灯、照明设备		表示控制照明光源的开关
24	亮度、辉度		表示亮度调节器、电视接收机等设备的亮度、辉度控制
25	对比度		表示电视接受机等的对比度控制
26	色饱和度		表示彩色电视机等设备上的色彩饱和度控制

知识点 8　文字符号

一个电气系统或一种电气设备通常都是由各种基本件、部件、组件等组成的，为了在电气图上或其他技术文件中表示这些基本件、部件、组件，除了采用各种图形符号外，还须标注一些文字符号和项目代号，以区别这些设备及线路的不同的功能、状态和特征等。

文字符号通常由基本文字符号、辅助文字符号和数字组成，用于按提供电气设备、装置和元器件的种类字母代码和功能字母代码。

1. 基本文字符号

基本文字符号可分为单字母符号和双字母符号两种。

（1）单字母符号

单字母符号是英文字母将各种电气设备、装置和元器件划分为 23 大类，每一大类用一个专用字母符号表示，如 "R" 表示电阻类，"Q" 表示电力电路的开关器件等，如表 1-7 所示。其中，"I"、"O" 易同阿拉伯数字 "1" 和 "0" 混淆，不允许使用，字母 "J" 也未采用。

表 1-7　电气设备常用的单字母符号

符号	项目种类	举例
A	组件、部件	分离元件放大器、磁放大器、激光器、微波激光器、印制电路板等组件、部件
B	变换器（从非电量到电量或相反）	热电传感器、热电偶
C	电容器	
D	二进制单元延迟器件存储器件	数字集成电路和器件、延迟线、双稳态元件、单稳态元件、磁芯储存器、寄存器、磁带记录机、盘式记录机
E	杂项	光器件、热器件、本表其他地方未提及元件

符号	项目种类	举例
F	保护电器	熔断器、过电压放电器件、避雷器
G	发电机 电源	旋转发电机、旋转变频机、电池、振荡器、石英晶体振荡器
H	信号器件	光指示器、声指示器
J	—	—
K	继电器、接触器	
L	电感器、电抗器	感应线圈、线路陷波器、电抗器
M	电动机	
N	模拟集成电路	运算放大器、模拟/数字混合器件
P	测量设备、试验设备	指示、记录、计算、测量设备、信号发生器、时钟
Q	电力电路开关	断路器、隔离开关
R	电阻器	可变电阻器、电位器、变阻器、分流器、热敏电阻
S	控制电路的开关选择器	控制开关、按钮、限制开关、选择开关、选择器、拨号接触器、连接级
T	变压器	电压互感器、电流互感器
U	调制器、变换器	鉴频器、解调器、变频器、编码器、逆变器、电报译码器
V	电真空器件 半导体器件	电子管、气体放电管、晶体管、晶闸管、二极管
W	传输导线 波导、天线	导线、电缆、母线、波导、波导定向耦合器、偶极天线、抛物面天线
X	端子、插头、插座	插头和插座、测试塞空、端子板、焊接端子、连接片、电缆封端和接头
Y	电气操作的机械装置	制动器、离合器、气阀
Z	终端设备、混合变压器、滤波器、均衡器、限幅器	电缆平衡网络、压缩扩展器、晶体滤波器、网络

（2）双字母符号

双字母符号是由表 1-8 中的一个表示种类的单字母符号与另一个字母组成的，其组合形式为：单字母符号在前、另一个字母在后。双字母符号可以较详细和更具体地表达电气设备、装置和元器件的名称。双字母符号中的另一个字母通常选用该类设备、装置和元器件的英文名词的首位字母，或常用缩略语，或约定俗成的习惯用字母。例如，"G"为同步发电机的英文名，则同步发电机的双字母符号为"GS"。

电气图中常用的双字母符号如表 1-8 所示。

表 1-8　电气图中常用的双字母符号

序号	设备、装置和元器件种类	名称	单字母符号	双字母符号
1	组件和部件	天线放大器	A	AA
		控制屏		AC
		晶体管放大器		AD
		应急配电箱		AE
		电子管放大器		AV
		磁放大器		AM
		印制电路板		AP
		仪表柜		AS
		稳压器		AS

序号	设备、装置和元器件种类	名称	单字母符号	双字母符号
2	电量到电量变换器或电量到非电量变换器	变换器	B	
		扬声器		
		压力变换器		BP
		位置变换器		BQ
		速度变换器		BV
		旋转变换器（测速发电机）		BR
		温度变换器		BT
3	电容器	电容器	C	
		电力电容器		CP
4	其他元器件	本表其他地方未规定器件	E	
		发热器件		EH
		发光器件		EL
		空气调节器		EV
5	保护器件	避雷器	F	FL
		放电器		FD
		具有瞬时动作的限流保护器件		FA
		具有延时动作的限流保护器件		FR
		具有瞬时和延时动作的限流保护器件		FS
		熔断器		FU
		限压保护器件		FV
6	信号发生器发电机电源	发电机	G	
		同步发电机		GS
		异步发电机		GA
		蓄电池		GB
		直流发电机		GD
		交流发电机		GA
		永磁发电机		GM
		水轮发电机		GH
		汽轮发电机		GT
		风力发电机		GW
		信号发生器		GS
7	信号器件	声响指示器	H	HA
		光指示器		HL
		指示灯		HL
		蜂鸣器		HZ
		电铃		HE
8	继电器和接触器	继电器	K	
		电压继电器		KV
		电流继电器		KA
		时间继电器		KT
		频率继电器		KF
		压力继电器		KP
		控制继电器		KC
		信号继电器		KS
		接地继电器		KE

（续表）

序号	设备、装置和元器件种类	名称	单字母符号	双字母符号
8	继电器和接触器	接触器	K	KM
9	电感器和电抗器	扼流线圈	L	LC
		励磁线圈		LE
		消弧线圈		LP
		陷波器		LT
10	电动机	电动机	M	
		直流电动机		MD
		力矩电动机		MT
		交流电动机		MA
		同步电动机		MS
		绕线转子异步电动机		MM
		伺服电动机		MV
11	测量设备和试验设备	电流表	P	PA
		电压表		PV
		（脉冲）计数器		PC
		频率表		PF
		电能表		PJ
		温度计		PH
		电钟		PT
		功率表		PW
12	电力电路的开关器件	断路器	Q	QF
		隔离开关		QS
		负荷开关		QL
		自动开关		QA
		转换开关		QC
		刀开关		QK
		转换（组合）开关		QT
13	电阻器	电阻器、变阻器	R	
		附加电阻器		RA
		制动电阻器		RB
		频敏变阻器		RF
		压敏电阻器		RV
		热敏电阻器		RT
		起动电阻器（分流器）		RS
		光敏电阻器		RL
		电位器		RP
14	控制电路的开关选择器	控制开关	S	SA
		选择开关		SA
		按钮开关		SB
		终点开关		SE
		限位开关		SLSS
		微动开关		
		接近开关		SP
		行程开关		ST
		压力传感器		SP
		温度传感器		ST
		位置传感器		SQ
		电压表转换开关		SV

序号	设备、装置和元器件种类	名称	单字母符号	双字母符号
15	变压器	变压器	T	
		自耦变压器		TA
		电流互感器		TA
		控制电路电源用变压器		TC
		电炉变压器		TF
		电压互感器		TV
		电力变压器		TM
		整流变压器		TR
16	调制变换器	整流器	U	
		解调器		UD
		频率变换器		UF
		逆变器		UV
		调制器		UM
		混频器		UM
17	电子管、晶体管	控制电路用电源的整流器	V	VC
		二极管		VD
		电子管		VE
		发光二极管		VL
		光敏二极管		VP
		晶体管		VR
		晶体三极管		VT
		稳压二极管		VV
18	传输通道、波导和天线	导线、电缆	W	
		电枢绕组		WA
		定子绕组		WC
		转子绕组		WE
		励磁绕组		WR
		控制绕组		WS
19	端子、插头、插座	输出口	X	XA
		连接片		XB
		分支器		XC
		插头		XP
		插座		XS
		端子板		XT
20	电器操作的机械器件	电磁铁	Y	YA
		电磁制动器		YB
		电磁离合器		YC
		防火阀		YF
		电磁吸盘		YH
		电动阀		YM
		电磁阀		YV
		牵引电磁铁		YT
21	终端设备、滤波器、均衡器、限幅器	衰减器	Z	ZA
		定向耦合器		ZD
		滤波器		ZF
		终端负载		ZL

（续表）

序号	设备、装置和元器件种类	名称	单字母符号	双字母符号
21	终端设备、滤波器、均衡器、限幅器	均衡器	Z	ZQ
		分配器		ZS

2．辅助文字符号

辅助文字符号是用来表示电气设备、装置和元器件以及线路的功能、状态和特征的，如"ACC"表示加速，"BRK"表示制动等。辅助文字符号也可以放在表示种类的单字母符号后边组成双字母符号，例如"SP"表示压力传感器。若辅助文字符号由两个以上字母组成时，为简化文字符号，只允许采用第一位字母进行组合，如"MS"表示同步电动机。辅助文字符号还可以单独使用，如"OFF"表示断开，"DC"表示直流等。辅助文字符号一般不能超过三位字母。

电气图中常用的辅助文字符号如表1-9所示。

表1-9　电气图中常用的辅助文字符号

序号	名称	符号	序号	名称	符号
1	电流	A	29	低，左，限制	L
2	交流	AC	30	闭锁	LA
3	自动	AUT	31	主，中，手动	M
4	加速	ACC	32	手动	MAN
5	附加	ADD	33	中性线	N
6	可调	ADJ	34	断开	OFF
7	辅助	AUX	35	闭合	ON
8	异步	ASY	36	输出	OUT
9	制动	BRK	37	保护	P
10	黑	BK	38	保护接地	PE
11	蓝	BL	39	保护接地与中性线共用	PEN
12	向后	BW	40	不保护接地	PU
13	控制	C	41	反，由，记录	R
14	顺时针	CW	42	红	RD
15	逆时针	CCW	43	复位	RST
16	降	D	44	备用	RES
17	直流	DC	45	运转	RUN
18	减	DEC	46	信号	S
19	接地	E	47	起动	ST
20	紧急	EM	48	置位，定位	SET
21	快速	F	49	饱和	SAT
22	反馈	FB	50	步进	STE
23	向前，正	FW	51	停止	STP
24	绿	GN	52	同步	SYN
25	高	H	53	温度，时间	T
26	输入	IN	54	真空，速度，电压	V
27	增	ING	55	白	WH
28	感应	IND	56	黄	YE

3．文字符号的组合

文字符号的组合形式一般为：基本符号+辅助符号+数字序号。

例如，第一台电动机，其文字符号为 M1；第一个接触器，其文字符号为 KM1。

4．特殊用途文字符号

在电气图中，一些特殊用途的接线端子、导线等通常采用一些专用的文字符号。例如，三相交流系统电源分别用"L1、L2、L3"表示，三相交流系统的设备分别用"U、V、W"表示。

知识点 9　项目代号

1．项目代号的组成

项目代号是有以识别图、图表、表格和设备上的项目种类，并提供项目的层次关系、实际位置等信息的一种特定的代码。每个表示元器件或其组成部分的符号都必须标注其项目代号。在不同的图、图表、表格、说明书中的项目和设备中的该项目均可通过项目代号相互联系。

完整的项目代号包括 4 个相关信息的代号段。每个代号段都用特定的前缀符号加以区别。

完整项目代号的组成如表 1-10 所示。

表 1-10　完整项目代号的组成

代号段	名称	定义	前缀符号	示例
第 1 段	高层代号	系统或设备中任何较高层次（对给予代号的项目而言）项目的代号	＝	＝S2
第 2 段	位置代号	项目在组件、设备、系统或建筑物中的实际位置的代号	＋	＋C15
第 3 段	种类代号	主要用以识别项目种类的代号	—	—G6
第 4 段	端子代号	用以外电路进行电气连接的电器导电件的代号	：	：11

2．高层代号的构成

一个完整的系统或成套设备中任何较高层次项目的代号，称为高层代号。例如，S1系统中的开关 Q2，可表示为=S1-Q2，其中"S1"为高层代号。

X 系统中的第 2 个子系统中第 3 个电动机，可表示为=2-M3，简化为=X1-M2。

3．种类代号的构成

用以识别项目种类的代码，称为种类代号。通常，在绘制电路图或逻辑图等电气图时就要确定项目的种类代号。确定项目的种类代号的方法有 3 种。

第 1 种方法，也是最常用的方法，是由字母代码和图中每个项目规定的数字组成的。

按这种方法选用的种类代码还可补充一个后缀,即代表特征动作或作用的字母代码,称为功能代号。可在图上或其他文件中说明该字母代码及其表示的含义。例如,—K2M 表示具有功能为 M 的序号为 2 的继电器。一般情况下,不必增加功能代号。如需增加,为了避免混淆,位于复合项目种类代号中间的前缀符号不可省略。

第 2 种方法,是仅用数字序号表示。给每个项目规定一个数字序号,将这些数字序号和它代表的项目排列成表放在图中或附在另外的说明中,例如,−2、−6 等。

第 3 种方法,是仅用数字组表示。按不同种类的项目分组编号。将这些编号和它代表的项目排列成表置于图中或附在图后。例如,在具有多种继电器的图中,时间继电器用 11、12、13、……表示。

4. 位置代号的构成

项目在组件、设备、系统或建筑物中的实际位置的代号,称为位置代号。通常位置代号由自行规定的拉丁字母或数字组成。在使用位置代号时,应给出表示该项目位置的示意图。

5. 端子代号的构成

端子代号是完整的项目代号的一部分。当项目具有接线端子标记时,端子代号必须与项目上端子的标记相一致。端子代号通常采用数字或大写字母,特殊情况下也可用小写字母表示。例如−Q3:B,表示隔离开关 Q3 的 B 端子。

6. 项目代号的组合

项目代号由代号段组成。一个项目可以由一个代号段组成,也可以由几个代号段组成。通常项目代号可由高层代号和种类代号进行了组合,设备中的任一项目均可用高层代号和种类代号组成一个项目代号,例如=2-G3;也可由位置代号和种类代号进行了组合,例如+5-G2;还可先将高层代号和种类代号组合,用以识别项目,再加上位置代号,提供项目的实际安装位置,例如=P1-Q2+C5S6M10,表示 P1 系统中的开关 Q2,位置在 C5 室 S6 列控制柜 M10 中。

项目二　CAD 基础入门

项目描述

AutoCAD 是在计算机辅助设计（CAD）领域用户最多，使用最广泛的图形软件。它由美国的 Autodesk 公司开发，自 1982 年 12 月推出初始的 R1.0 版本至今，经过三十多年的不断发展和完善，其操作更加方便，功能更加齐全。在机械、建筑、服装、土木、电力、电子和工业设计等行业应用非常普及。

AutoCAD Electrical2014 版电气控制软件是面向电气控制设计师的 AutoCAD 软件，专门用于创建和修改电气控制系统图档。AutoCAD Electrical2014 版在功能方面有了很大的提升，除包含 AutoCAD 具有世界领先 CAD 软件中的全部功能外，还增加了一系列用于自动完成电气控制工程设计任务的工具，如创建原理图，导线编号，生成物料清单等，AutoCAD Electrical2014 版电气控制软件使用起来也更方便。

本项目以 AutoCAD Electrical2014 版本为学习平台，主要介绍 AutoCAD Electrical2014 绘图功能。

任务一　认识 CAD

学习目标

- 了解 AutoCAD Electrical2014 的功能
- 熟悉 AutoCAD Electrical2014 的用户界面
- 掌握 AutoCAD Electrical2014 的启动、退出方法

任务提出

　　要求启动 AutoCAD Electrical2014，将绘图区背景颜色更改为白色，然后在其各个工作空间切换，最后回到"二维草图与注释"工作空间，打开和关闭"绘图"工具选项板，将其分别置于浮动状态和固定状态，并退出 AutoCAD Electrical2014。

相关知识

知识点 1　启动 AutoCAD Electrical2014 的方法

1．通过"开始"程序菜单启动

　　单击 Windows 任务栏上的"开始"→程序→Autodesk→AutoCAD Electrical2014-简体中文（Simplified Chinese）→AutoCAD Electrical2014-简体中文（Simplified Chinese）。

2．通过桌面快捷方式启动

　　双击桌面上的 AutoCAD Electrical2014 图标 。

知识点 2　AutoCAD Electrical2014 界面介绍

　　启动 AutoCAD Electrical2014 后，初始界面如图 2-1 所示。界面主要包括标题栏、功能区、绘图区域、坐标系图标、命令行及命令窗口、状态栏以及窗口按钮和滚条等。

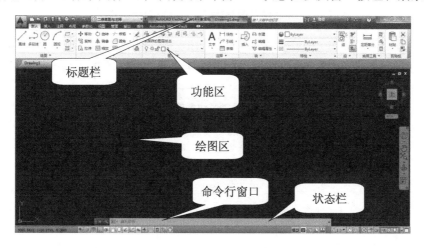

图 2-1　AutoCAD Electrical2014 初始工作界面

1．标题栏

标题栏位于界面的最上方，用于显示当前运行的应用程序名及打开的文件名等信息，如图 2-1 所示。运行 AutoCAD Electrical2014，在没有打开任何图形文件的情况下，标题栏显示的是"AutoCAD Electrical2014-教育版　Drawing1.dwg"，其中"Drawing1.dwg"是系统默认的文件名。

在标题栏搜索文本框中输入需要帮助的问题，单击"搜索"按钮 🔍，就可以获取相关信息；单击"登录"按钮 🔲登录，能够登录到 Autodesk 360 以访问与桌面软件集成的服务；单击"程序"按键 🔳，可以访问 Autodesk Exchange 应用程序网站；单击"连接"按钮 🔺，能够获取软件最新的更新信息；单击"帮助"按钮 ❓，可以获取相关帮助信息。

图 2-2　标题栏

2．功能区

默认情况下，在创建或打开文件时，AutoCAD Electrical2014 工作界面上会自动显示功能区。功能区位于绘图区的上方，由选项卡和面板组成。在不同的工作空间，功能区内的选项卡和面板不尽相同。

以"二维草图与注释"工作空间为例，其功能区有"默认"、"插入"、"注释"、"布局"、"参数化"、"视图"、"管理"、"输出"、"插件""Autodesk 360"和 9 个选项卡，如图 2-3 所示。每个选项卡包含一组面板，每个面板又包含有许多命令按钮。

图 2-3　"二维草图与注释"工作空间的功能区

如果面板中没有足够的空间显示所有的命令按钮，可以单击面板名称右方的三角按钮 ▼，将其展开，以显示其他相关的命令按钮。如图 2-4 所示，为展开的"修改"面板。

图 2-4　展开"修改"面板

如果面板上某个按钮的下方或后面有三角按钮 ▼，则表示该按钮下面还有其他的命令按钮，单击三角按钮，弹出下拉列表，显示其他命令按钮。如图2-5所示，为"圆角"按钮的下拉列表。

图2-5　"圆角"按钮的下拉列表

3. 绘图区

绘图区类似于手工绘图时的图纸，是用户使用AutoCAD Electrical2014进行绘图并显示所绘图形的区域，如图2-6所示。绘图区实际上是无限大的，用户可以通过缩放、平移等命令来观察绘图区的图形。

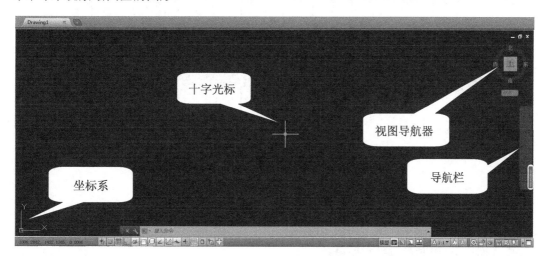

图2-6　绘图区

绘图区中包括十字光标、坐标系、视图导航器和导航栏。十字光标的交点为当前光标的位置。

默认情况下，左下角的坐标系为世界坐标系（WCS）。

单击导航栏上相应按钮，用户可以平移、缩放或动态观察图形。通过视图导航器，用户可以在标准视图和等轴测视图间切换，但对于二维绘图此功能作用不大。

4. 命令行及命令窗口

命令行窗口如图 2-7 所示，位于绘图区的下方，是 AutoCAD Electrical2014 进行人机交互、输入命令和显示相关信息与提示的区域。用户可以用拖动的方式来改变命令行窗口的大小和位置。

```
WSCURRENT
输入 WSCURRENT 的新值 <"二维草图与注释">: *取消*
命令: 指定对角点或 [栏选(F)/圈围(WP)/圈交(CP)]:
命令: *取消*
键入命令
```

图 2-7 命令行窗口

5. 状态栏

状态栏位于工作界面的底端，用于显示或设置当前的绘图状态。其左侧显示当前光标在绘图区位置的坐标值，从左往右依次排列着"推断约束"、"捕捉"、"栅格"、"正交"、"极轴追踪"、"对象捕捉"、"三维对象捕捉"、"对象追踪"、"动态 UCS"、"动态输入"和"线宽"等 15 个开关按钮，如图 2-8 所示。用户可以单击对应的按钮使其打开或关闭。有关这些按钮的功能将在后续的模块中介绍。这里介绍部分按钮功能。

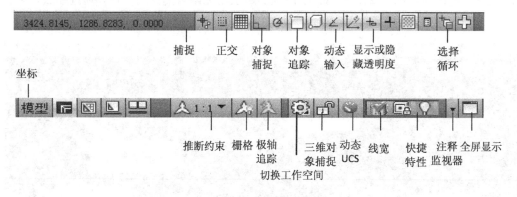

图 2-8 状态栏

◎【坐标】：显示当前光标在绘图窗口内的所在位置。

◎【捕捉】：控制是否使用捕捉功能。

◎【栅格】：控制是否显示栅格。

◎【正交】：控制是否以正交模式绘图。

◎【极轴】：控制是否使用极轴追踪对象。

◎【对象捕捉】：控制是否使用对象自动捕捉功能。

◎【对象追踪】：控制是否使用对象自动追踪功能。

◎【DUCS】：允许/禁止 UCS。

◎【DYN】：控制是否使用动态输入。

◎【线宽】：控制是否使用线条的宽度。

◎【模型/图纸】：控制用户的绘图环境。

知识点 3　AutoCAD Electrical2014 工作空间

工作空间是由分组组织的菜单、工具栏、选项板和功能区控制面板组成的集合，方便用户可以在专门的、面向任务的绘图环境中工作。使用工作空间时，只会显示与任务相关的菜单、工具栏和选项板。此外，工作空间还可以自动显示功能区，即带有特定任务的控制面板的特殊选项板。

AutoCAD Electrical2014 为用户提供了"ACADE 二维草图与注释"、"ACADE 三维建模"、"AutoCAD Electrical 经典"、"二维草图与注释"、"三维建模"、"AutoCAD 经典" 六种工作空间，以满足用户的不同需要。切换工作空间，如图 2-9 所示，可以采用以下两种方法。

①在"快速访问"工具栏上，单击"工作空间"下拉列表，然后选择所需要的工作空间。

②单击状态栏上的"切换工作空间"按钮 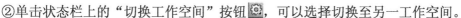，可以选择切换至另一工作空间。

图 2-9　切换工作空间的方法

知识点 4　退出 AutoCAD Electrical2014 的方法

在 AutoCAD Electrical2014 中可以采用以下方法退出程序。

1．菜单

单击工作界面左上角的"应用程序"按钮 ，在弹出菜单中单击 退出 AutoCAD Electrical 2014 按钮。

2．标题栏

单击标题栏上  按钮。

3．键盘命令

可以使用键盘命令为：QUIT

执行上述操作后，如用户对图形所做的修改尚未保存，则弹出如图 2-10 所示的警告对话框，提示用户保存文件。如果文件已命名，单击 是(Y) 按钮，AutoCAD Electrical 将以原名保存文件，然后退出；单击 否(N) 按钮，不保存文件，直接退出；单击 取消 按钮，则取消该操作，重新回到 AutoCAD Electrical。如果当前文件没有命名，系统会弹出"图形另存为"对话框。

图 2-10　退出 AutoCAD Electrical 时弹出的警告对话框

第 1 步：启动 AutoCAD Electrical2014。

双击桌面上 AutoCAD Electrical2014 的快捷方式图标，启动 AutoCAD Electrical2014，关闭欢迎界面后，进入其默认的工作界面，如图 2-11 所示。

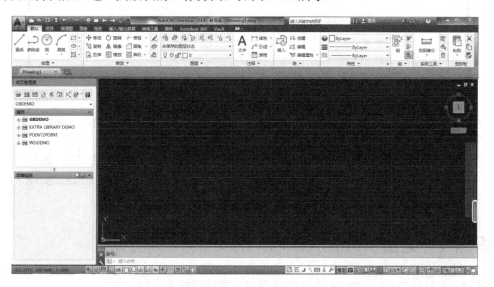

图 2-11　AutoCAD Electrical2014 默认工作界面

从图 2-11 中可以看出，AutoCAD Electrical2014 默认绘图区的背景颜色为黑色。

第 2 步：将绘图区背景颜色更改为白色。

（1）单击工作界面左上角"应用程序"按钮 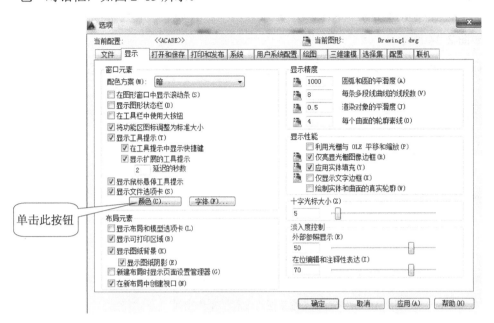→ 选项 按钮，弹出"选项"对话框。

（2）选择"显示"选项卡，如图2-12所示，单击"颜色"按钮，打开"图形窗口颜色"对话框，如图2-13所示。

图2-12　"选项"对话框下的"显示"选项卡

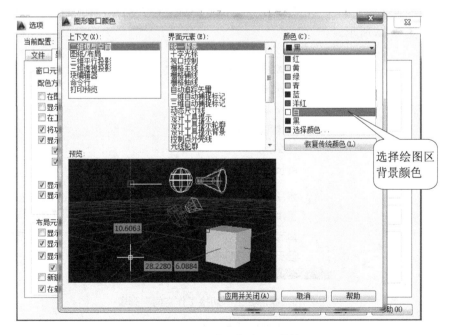

图2-13　"图形窗口颜色"对话框

（3）在"上下文"选项区选择"二维模型空间"选项，在"界面元素"列表框中选择"统一背景"选项，在"颜色"下拉列表中选择"白"，单击 应用并关闭(A) 按钮。

（4）返回"选项"对话框，单击 确定 按钮，完成设置。

完成以上操作后，绘图区的颜色变成了白色。

第3步：切换工作空间。

AutoCAD Electrical2014有6个工作空间，默认状态下打开"ACADE 二维草图与注释"工作空间，如图 2-14 所示。

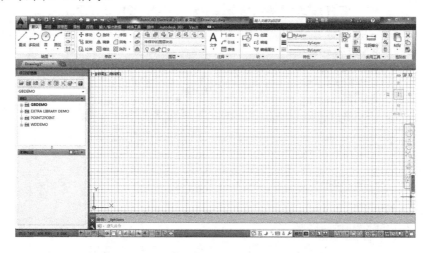

图 2-14 "ACADE 二维草图与注释"工作空间

下面以切换到"三维建模"工作空间为例介绍切换工作空间操作。单击状态栏上的"切换工作空间"按钮，如图 2-15 所示，单击"三维建模"选项，切换到"三维建模"工作空间，如图 2-16 所示。

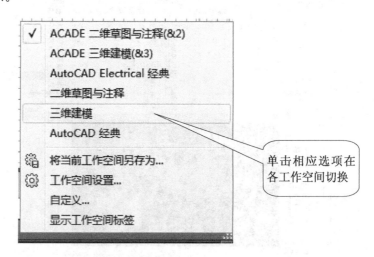

图 2-15 状态栏上"切换工作空间"列表

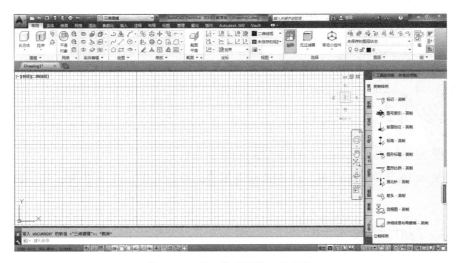

图 2-16 "三维建模"工作空间

第4步：显示和关闭"绘图"面板，将其分别置于浮动状态和固定状态。

如图 2-17 所示，在功能区空白处，单击右键，弹出显示相关工具选项板组下拉列表，可在表中找到"绘图"面板，在点选后即可关闭。同样，重新打开后，即可恢复显示"绘图"面板。

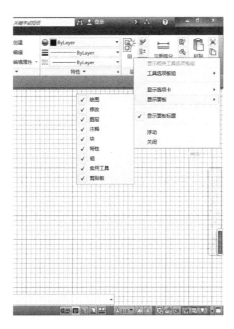

图 2-17 显示和关闭"绘图"面板

面板的浮动状态和固定状态也可用同样的方法进行设置。

第5步：退出 AutoCAD Electrical2014。

单击标题栏上 ⊠ 按钮，弹出警告对话框，单击 是(Y) 按钮，保存修改的设置，在指定保存位置后退出 AutoCAD Electrical2014。

任务二 AutoCAD Electrical2014 中有关命令的操作

学习目标

- 掌握 AutoCAD Electrical2014 中启动响应命令的方法
- 掌握 AutoCAD Electrical2014 中的命令放弃、重做、中止与重复执行的方法

任务提出

要求在"二维草图与注释"工作空间中采用 3 种方式启动"直线"命令，绘制任意 3 段直线，如图 2-18 所示；采用两种响应命令的方法绘制半径为 50 的圆形，如图 2-19 所示。

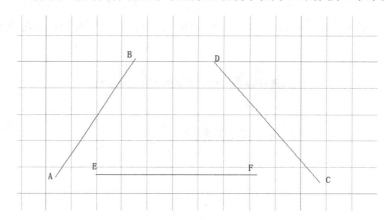

图 2-18　采用 3 种方法启动"直线"命令绘制直线

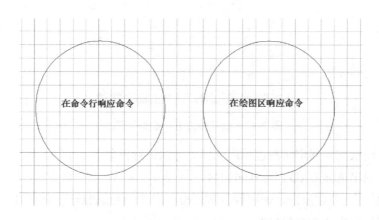

图 2-19　采用两种方法响应"圆"命令绘制圆形

知识点 1　启动命令的方法

为满足不同用户的需要，使操作更加灵活方便，AutoCAD Electrical2014 提供了多种方法来启动同一命令。下面介绍在"二维草图与注释"工作空间中常用的 3 种方法。

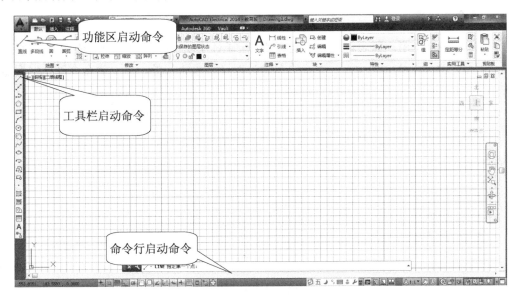

图 2-20　启动命令常用的 3 种方法

1．功能区启动命令

功能区是选项卡和面板的集合，提供了几乎所有的命令，单击面板上的图标按钮，即可启动相应命令。如图 2-20 所示，单击"绘图"面板上单击"直线"按钮，启动"直线"命令。

2．工具栏启动命令

在工具栏中单击图标按钮，则启动相应命令。如图 2-20 所示，单击"绘图"工具栏中的"╱"图标按钮，则启动"直线"命令。

3．命令行启动命令

命令行启动命令是在"命令"提示文本框中，输入完整的命令名称或命令别名，然后按 Enter 键或空格键。例如在命令行中输入命令名"LINE"或命令别名"L"，按回车键，即可启动"直线"命令。

AutoCAD Electrical2014 命令行具有自动搜索、自动更正及同义词搜索功能。当用户输入某个命令名的首字母后，系统会自动搜索以此字母开头的命令或同义词，并显示在命令行上方，用户可通过键盘上的↓或↑方向键选择命令，也可以将光标移到相应命令上直接单击鼠标选择。

知识点 2　响应命令的方法

AutoCAD Electrical2014 提供了"在命令行操作"和"在绘图区操作"两种响应命令的方法。

1．在命令行操作

在启动命令后，用户需要输入点的坐标值、选择对象以及选择相关的选项来响应命令。在 AutoCAD Electrical2014 中，一类命令是通过对话框来执行的，另一类命令则是根据命令行提示来执行的。

在命令行操作是 AutoCAD Electrical2014 最传统的方法。如图 2-21 所示，在启动命令后，根据命令行的提示，用键盘输入坐标值或有关参数后，再按回车键或空格键即可执行相关操作。

```
命令:
命令: _rectang
指定第一个角点或 [倒角(C)/标高(E)/圆角(F)/厚度(T)/宽度(W)]:
指定另一个角点或 [面积(A)/尺寸(D)/旋转(R)]: d
指定矩形的长度 <10.0000>: 100
指定矩形的宽度 <10.0000>: 50
指定另一个角点或 [面积(A)/尺寸(D)/旋转(R)]:
键入命令
```

图 2-21　在命令行操作（绘制矩形）

2．在绘图区操作

从 AutoCAD 2006 开始 AutoCAD 新增加了动态输入功能，可以实现在绘图区操作，完全可以取代传统的命令行。在动态输入被激活时，在光标附近将显示动态输入工具栏，如图 2-22 所示。用户可以在提示框中输入坐标，用 Tab 键在几个工具栏中切换，用键盘上的↓方向键，显示和选择各相关的选项响应命令。

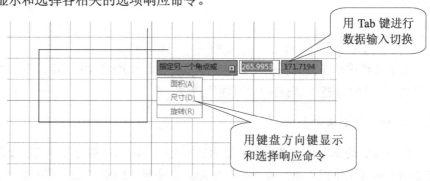

图 2-22　动态输入（绘制矩形）

知识点 3　命令的放弃、重做、中止和重复执行

1．命令的放弃

"放弃"命令可以实现撤销上一个动作。调用命令的方式如下。

◎快速访问工具栏："放弃"按钮 ⬅️ 。

◎菜单栏："编辑"→"放弃"。

◎工具栏"标准"→"放弃" ⬅️ 。

◎键盘命令：UNDO 或 Z。

◎快捷键：CTRL+Z。

2．命令的重做

"重做"命令可以恢复刚执行"放弃"命令所放弃的操作。调用命令的方式如下。

◎快速访问工具栏："重做"按钮 ➡️ 。

◎菜单栏："编辑"→"重做"。

◎工具栏"标准"→"重做" ➡️ 。

◎键盘命令：REDO。

3．命令的中止

"中止"命令即中断正在执行的命令，回到等待命令状态。调用命令的方式如下。

◎快捷操作：按 ESC 键。

◎鼠标操作：右击→取消。

4．命令的重复执行

"重复执行"命令即将刚执行完的命令再次调用。调用命令的方式如下。

◎键盘操作：按回车键或空格键。

◎鼠标操作：右击→重复。

知识点 4　捕捉和栅格

"捕捉"用来控制光标移动的最小步距，以便精确定点；"栅格"相当于坐标纸上的方格，可以直观地显示对象之间的距离，便于用户定位对象。"捕捉"和"栅格"两者通常配合使用，以便快速、精确地绘制图形。

1．捕捉和栅格功能的打开或关闭

在绘图过程中，可以随时打开或关闭"捕捉"模式和"栅格"显示，常用方法如下。

● 状态栏：单击状态栏上"捕捉"模式按钮 ▦ 和"栅格"按钮 ▦ 。

● 功能键：F7（栅格）、F9（捕捉）。

● 对话框：右击状态栏上的"捕捉"按钮或"栅格"按钮，在弹出的快捷菜单中选择"设置"项，打开如图 2-23 所示"草图设置"对话框的"捕捉和栅格"选项卡，选择"启用捕捉"复选框和"启用栅格"复选框。

2．捕捉和栅格间距的设置

在图 2-23 所示对话框中的"捕捉间距"和"栅格间距"选项组中可以设置捕捉和栅格的间距。其余各选项说明如下。

● "捕捉类型"选项组："矩形捕捉"是指捕捉方向与当前用户坐标系的 X、Y 方向平行，为默认选项，用于画一般的平面图形。"等轴测捕捉"是等轴测方向捕捉，用于画等轴测图。"　"（即极轴捕捉）单选框用于设置沿"极轴追踪"方向的捕捉间距，并沿极轴方向捕捉。

● "栅格行为"选项组：用于设置"视觉样式"中下栅格线的显示样式。系统默认选择"显示超出屏幕的栅格"，即栅格显示范围可以超出图形界限范围；当不选择该项时，栅格显示范围即为"LIMITS"命令指定的图形界限范围。本任务操作实例中，便采用了不选择"显示超出屏幕的栅格"。

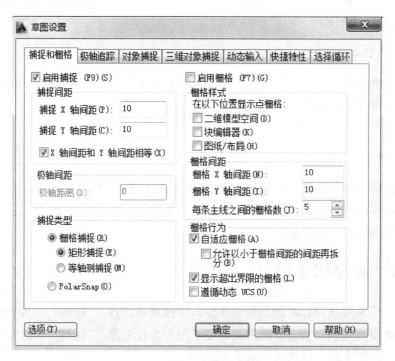

图 2-23　"捕捉和栅格"选项卡

知识点 5　正交

当打开正交模式后，系统将控制光标只沿当前坐标系的 X、Y 轴平行方向上移动，以便于在水平或垂直方向上绘制和编辑图形。在绘图和编辑过程中，可以随时打开或关闭"正交"，常用方法如下。

　　状态栏：单击状态栏上"正交"按钮■。

　　功能键：F8。

知识点6　图形的缩放

　　使用 AutoCAD 绘图时，用户看到的图形均处于视窗中，利用"缩放"命令可以增大或减小图形对象在视窗中的显示比例，从而满足用户既能观察局部细节，又能观看图形全貌的需求。该命令就像照相机的镜头一样，可以放大或缩小观察的区域，但不会改变图形中对象的位置或大小。调用命令的方式如下。

- 功能区："视图"选项卡→"二维导航"面板　选择相应按钮，如图 2-24 所示。
- 菜单栏："视图"→"缩放"→在子菜单中选择相应命令，如图 2-25 所示。
- 工具栏："标准"→选择相应按钮，或"缩放"。再选择相应按钮，如图 2-26 所示。
- 键盘命令：ZOOM 或 Z。

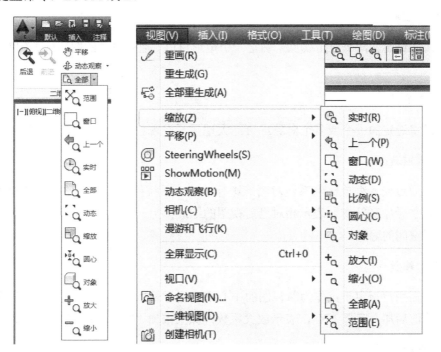

图 2-24　"二维导航"面板　　　　图 2-25　"缩放"工具栏

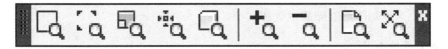

图 2-26　"缩放"工具栏

"缩放"图形有多种方式，分别介绍如下。

1．全部缩放

该方式根据由"LIMITS"命令设定的图形界限或图形所占实际范围，在绘图区域显示全部图形。选择该方式时，用户看到的图形范围由图形界限和图形所占实际范围尺寸较大者决定，即图形文件中如有图形处在图形界限以外，则图形范围由图形所占实际范围尺寸决定。

2．范围缩放

该方式将所绘全部图形尽可能大地显示在视口中。

3．实时缩放

选择该方式光标将变为带有加号（+）和减号（−）的放大镜，按住鼠标左键向上，放大图形显示；向下，则缩小图形显示。

4．窗口缩放

该方式通过定义两个对角线点来确定一个矩形窗口，把窗口内的图形放大到整个视口范围。

5．对象缩放

该方式将选定的一个或多个对象尽可能大地显示在视口中，并使其位于视口的中心。

6．比例缩放

该方式通过输入缩放比例系数对图形进行缩放。系统提供了两种比例系数输入方式：一种是在数字后加字母 X，表示相对当前视图的缩放；另一种是在数字后加字母 XP，表示相对图纸空间的缩放。

7．中心缩放

该方式需用户指定一点作为新视图的中心点，通过输入比例值或视图高度缩放图形。如输入的数值后加上字母"X"，表示放大系数；如果未加"X"，则表示新视图的高度。

8．动态缩放

选择该方式系统将临时显示整个图形，同时自动创建一个矩形视窗，通过移动视窗和调整视窗大小来控制图形的缩放位置和大小。

9．放大或缩小

选择一次"放大"，将以 2 倍比例放大图形；选择一次"缩小"，将以 0.5 倍比例缩小图形。

10．上一个

该方式缩放显示上一个视图，最多可恢复此前的 10 个视图。

知识点 7　图形的平移

利用"平移"命令可以在绘图窗口移动图形（类似于在桌面上移动图纸），而不改变图形的显示大小。调用命令的方式如下。

● 功能区："视图"选项卡→"二维导航"面板→"平移"按钮，如图 2-24 "二维导航"面板所示。

● 菜单栏："视图"→"平移"。

● 工具栏："标准"→"实时平移"　　。

● 键盘命令：PAN。

执行上述命令后，光标转化为小手形状　　，按住鼠标左键，拖动鼠标，即可平移图形。按 ESC 键或回车键，可退出平移模式。

第 1 步：启动 AutoCAD Electrical2014，进入其默认的"二维草图与注释"工作空间。

第 2 步：在功能区启动"直线"命令，绘制任意线段 AB。

在功能区"默认"选项卡的"绘图"面板上单击"　"按钮，启动"直线"命令，然后在绘图区任意位置单击（如图 2-18 所示点 A 处），指定直线第一点，再指定直线第二点（如图 2-18 所示点 B 处），按回车键，结束命令。

第 3 步：在命令行启动"直线"命令，绘制任意线段 CD。

在命令行输入"LINE"，启动"直线"命令，然后在绘图区任意位置单击（如图 2-18 所示点 C 处），指定直线第一点，再指定直线第二点（如图 2-18 所示点 D 处），按回车键，结束命令。

第 4 步：在工具栏中启动"直线"命令，绘制任意线段 EF。

（1）调用"绘图"工具栏。

如图 2-27 所示，在"视图"选项卡的"用户界面"面板中，选择"工具栏"→"AutoCAD"，

在下拉列表中点选"绘图"，在绘图区左侧显示如图 2-28 所示"绘图"工具栏。

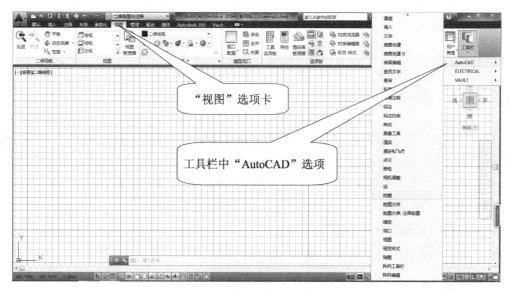

图 2-27　调用"绘图"工具栏

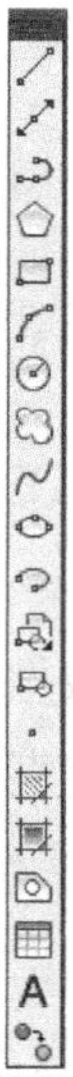

（2）绘制任意线段 EF。单击"绘图"工具栏中的"╱"图标按钮，则启动"直线"命令。然后在绘图区任意位置单击（如图 2-18 所示点 E 处），指定直线第一点，再指定直线第二点（如图 2-18 所示点 F 处），按回车键，结束命令。

第 5 步：采用在命令行操作响应命令的方法绘制一个半径为 50 的圆。

（1）在功能区"默认"选项卡的"绘图"面板 上单击 按钮，启动"圆"命令。

（2）在绘图区任意位置单击，确定圆的圆心。

（3）当命令行出现"指定圆的半径或 [直径（D）] <25.0000>:"时，输入"50"，按空格键，确定圆的半径。

绘制完成后如图 2-19 所示。

第 6 步：采用在绘图区操作响应命令（动态输入）的方法绘制一个半径为 50 的圆。

图 2-28　"绘图"工具栏

（1）在状态栏中单击" ╋ "，使其处于打开状态。

（2）在功能区"默认"选项卡的"绘图"面板 上单击 按钮，启动"圆"命令。

（3）移动鼠标到绘图区，光标旁边出现动态提示，单击键盘上的↓方向键，出现动态提示，如图 2-29 所示，选择"两点（2P）"项，按空格键，确定采用"两点"方式绘制圆形。

（4）在绘图区任意位置单击，指定圆直径的第一个端点。

（5）绘图区出现 指定圆直径的第二个端点 提示时，在键盘上输入"100"，按空格键，完成操作。

绘制完成后如图 2-19 所示。

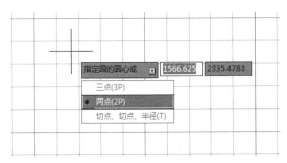

图 2-29　绘制圆形时的"动态输入"

任务三　设置图层

学习目标

- 掌握图层的概念
- 能够根据绘图需要设置图层、操作图层

任务提出

　　按表 2-1 要求新建一个含有"粗实线"、"细实线"和"点画线"3 个图层的图形文件，并通过在"图层"面板上操作将"粗实线"图层置为当前层，将"细实线"图层冻结，再将"点画线"图层关闭，最后以"图层练习"命名，将其保存在"E:\Autocad 练习\项目二练习"中。

表 2-1　图层设置

层名	线型名	颜色	线宽	用途
粗实线	Continuous	蓝	0.3 mm	可见轮廓线、可见过渡线
点画线	Center	红	0.15mm	对称中心线、轴线
细实线	Continuous	黄	0.15mm	波浪线、剖面线等
尺寸线	Continuous	洋红	0.15mm	尺寸线和尺寸界线
文字	Continuous	黑	0.15mm	文字
虚线	Hidden	绿	0.15mm	不可见轮廓线、不可见过渡线
双点画线	Phantom	黑	0.15mm	假想线

相关知识

知识点 1　新建图形文件

利用"新建"命令可以创建新的图形文件，调用命令的方式如下。

◎快速访问工具栏："新建"按钮 □。

◎菜单栏："文件"→"新建"。

◎工具栏："标准"→"新建" □。

◎键盘命令：NEW 或 QNEW。

执行上述操作后，弹出如图 2-30 所示"选择样板"对话框。在 AutoCAD 给出的样板文件名称列表框中，选择某个样本文件后双击或单击 打开(O) 按钮，即可创建新的图形文件。

图 2-30　"选择样板"对话框

知识点 2　打开图形文件

利用"打开"命令可以打开已保存的图形文件，调用命令的方式如下。

◎快速访问工具栏："打开"按钮 □。

◎菜单栏："文件"→"打开"。

◎工具栏："标准"→"打开" □。

◎键盘命令：OPEN。

执行上述操作后，将弹出如图 2-31 所示"选择文件"对话框。

　　用户可根据已存图形文件的保存位置选择相应路经，选择需要的图形文件后双击或单击 [打开(0)] 按钮即可打开。

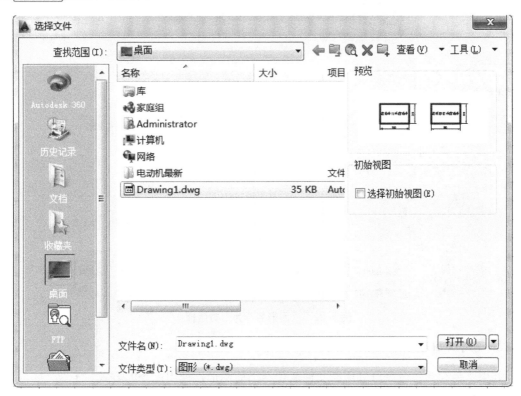

图 2-31　"选择文件"对话框

知识点 3　保存/另存为图形文件

1．保存图形文件

利用"保存"命令可以保存当前图形文件，调用命令的方式如下。

◎快速访问工具栏："保存"按钮 ▣。

◎菜单栏："文件"→"保存"。

◎工具栏："标准"→"保存" ▣。

◎键盘命令：QSAVE。

◎快捷键：<Ctrl+S>。

　　如果当前图形文件曾经保存过，则系统将直接使用当前图形文件名称保存在原路径下，而不需要再进行其他操作。如果当前图形文件从未保存过，则弹出如图 2-32 所示"图形另存为"对话框。在"保存于"下拉列表框中可以指定文件保存的路径；"文件类型"下拉列表框中选择文件的保存格式或不同版本；在"文件名"文本框中输入文件名。

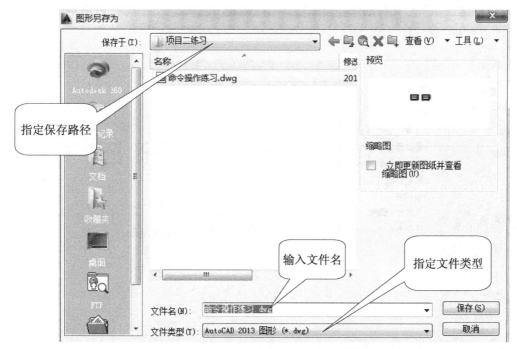

图 2-32　"图形另存为"对话框

2．另存为图形文件

利用"另存为"命令可以用新文件名保存当前图形，调用命令的方式如下。

◎快速访问工具栏："另存为"按钮 ▣。

◎菜单栏："文件" → "另存为"。

◎键盘命令：SAVE AS 或 SAVE。

执行上述操作后，则弹出如图 2-32 所示"图形另存为"对话框，操作方法同上。

知识点 4　图层的设置

1．图层的概念

AutoCAD 的图层就相当于完全重合在一起的透明纸，每个图层以一个名称作为标志，并具有颜色、线型、线宽等各种特性和开、关、冻结等不同的状态。用户可以任意地选择其中一个图层绘制图形，而不会受到其他层上图形的影响。

绘制各种工程图样时，为了便于修改和操作，通常把同一张图样中相同属性的内容放在同一个图层中，不同的内容放在不同的图层中。例如在建筑图中，可以将基础、楼层、水管、电气和冷暖系统等放在不同的图层中进行绘制；在印刷电路板的设计中，多层电路的每一层都在不同的图层中分别进行设计。在机械制图中，可以将轮廓线、中心线、尺寸线、虚线等放在不同的图层中绘制，用不同的颜色、线型、线宽来表示。

开始绘制新图形时，AutoCAD 将创建一个名为 0 的特殊图层。默认情况下，图层 0

将被指定使用 7 号颜色（白色或黑色，由背景色决定）、CONTINUOUS 线型、"默认"线宽以及 NORMAL 打印样式。不能删除或重命名图层 0。

2．图层的操作

利用"图层特性管理器"对话框，用户可以进行创建新图层、设置当前层、重命名或删除选定层，设置或更改选定图层的特性和状态等操作。调用命令的方式如下。

◎功能区："默认"选项卡→"图层"面板→"图层特性"按钮 。

◎菜单栏："格式"→"图层"。

◎工具栏："图层"→"图层特性" 。

◎键盘命令：LAYER 或 LA。

执行上述操作后，弹出如图 2-33 所示"图层特性管理器"对话框。

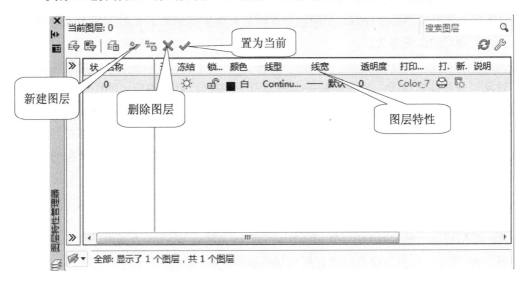

图 2-33　"图层特性管理器"对话框

（1）创建新图层、重命名图层、设置当前层、删除图层

在"图层特性管理器"对话框中，单击"新建图层"按钮 ，图层列表中将显示名为"图层 1"的新图层，且处于被选中状态，即已创建一个新图层；单击新图层的名称，在其"名称"文本框中输入图层的名称，即可为新图层重命名。其具体操作在任务实例中详述。

在"图层特性管理器"对话框中，选中一个图层后，单击"置为当前"按钮 ，可将选定图层设置为当前层；单击"删除图层"按钮 ，即可将选定图层删除。

（2）设置图层的特性

图层的特性包括颜色、线型、线宽等，AutoCAD 系统提供了丰富的颜色、线型和线宽。用户可以在如图 2-33 所示"图层特性管理器"对话框中，单击相应图标为选定的图层设置以上特性。其具体操作在任务实例中详述。

（3）图层状态

每个图层都包含有开/关、冻结/解冻、锁定/解锁、打印/不打印等状态。用户可以在如图 2-33 所示"图层特性管理器"对话框中，单击某一图层上状态列表中的相应图标，来改变所选图层相应的状态。

◎开/关状态：单击"开"列对应的小灯泡图标 ，可以打开或关闭图层，以控制图层上图形对象的可见性。在开状态下，灯泡的颜色为黄色，图层上的对象可以显示，也可以在输出设备打印。在关状态下，灯泡的颜色为蓝色，此时图层上的对象不能显示，也不能打印输出；图形重新生成时，关闭图层上的图形对象仍参加计算。在关闭当前层时，系统将弹出一个消息对话框，警告正在关闭当前层。

◎冻结/解冻状态：单击"冻结"列对应的图标，可以冻结或解冻图层。图层被冻结时显示雪花图标 ，此时图层上的对象不能被显示、打印输出和编辑修改；图形重新生成时，冻结图层上的对象不参加计算。图层被解冻时显示太阳图标 ，此时图层上的对象能被显示、打印输出和编辑修改。

◎锁定/解锁状态：单击"锁定"列对应的图标，可以锁定或解锁图层，以控制图层上的图形对象能否被编辑修改。当图层被锁定时显示 图标，此时图层上的图形对象仍能显示，但不能被编辑修改；当图层解锁时显示 图标，此时图层上的对象能被编辑修改。

◎打印/不打印状态：单击"打印"列对应的图标 ，可以设置图层是否能够被打印，在保持图形可见性不变的前提下控制图形的打印特性。此打印设置只对打开和解冻的可见图层有效。

3. 图层管理工具

在 AutoCAD Electrical2014 中，使用系统在功能区"默认"选项卡下提供的"图层"面板，如图 2-34 所示，可以方便快捷地设置图层状态和管理图层。

"图层"面板上各主要按钮功能如下。

◎图层状态控制列表

显示了当前图层的状态及特性，如 。单击该下拉列表右侧的 按钮，可显示当前图形文件中的所有图层及其状态。用户可在下拉列表中单击某一图层的状态图标按钮，控制图层状态；单击色块按钮，可以更改图层的颜色。用户也可以在下拉列表中选择某一图层的层名，将该层设置为当前层。

◎"将对象所在层置为当前"按钮 ：将选定对象所在的图层置为当前层。

◎"匹配"按钮 ：将选定对象更改到目标图层上。

◎"上一个图层"按钮 ：恢复上一个图层为当前层。

◎"隔离"按钮 ：隐藏或锁定除选定对象所在图层外的所有图层。

◎"取消隔离"按钮 ：恢复使用"隔离"命令隐藏或锁定的所有图层。

◎"冻结"按钮 ：冻结选定对象所在的图层。

◎"关"按钮 ：关闭选定对象所在的图层。

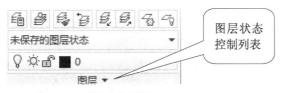

图 2-34　"图层"面板

第 1 步：启动 AutoCAD Electrical2014，进入其默认的"二维草图与注释"工作空间。

第 2 步：新建图形文件。

（1）单击快速访问工具栏上的"新建"按钮，弹出"选择样板"对话框，如图 2-30 所示。

（2）在文件名称列表框中选择"acadiso.dwt"样板文件，单击"打开"按钮，即新建一个名为"Drawing1.dwg"图形文件。

第 3 步：新建"粗实线"图层，并进行相应设置。

（1）在功能区中单击"默认"选项卡→"图层"面板→"图层特性"按钮，弹出"图层特性管理器"对话框。

图 2-35　新建"粗实线"图层

（2）单击"新建图层"按钮，在图层列表中出现一个名为"图层 1"的新图层，单击该图层名，在"名称"文本框中输入"粗实线"按回车键，即新建"粗实线"图层，如图 2-35 所示。

（3）单击"颜色"列的色块图标，打开"选择颜色"对话框，如图 2-36 所示，在标准颜色区中单击"蓝色"色块，再单击"确定"按钮，完成颜色设置。

图 2-36 "选择颜色"对话框

（4）单击"线宽"列的线宽图标，打开"线宽"对话框，如图 2-37 所示，在线宽列表中选择"0.30mm"，单击"确定"按钮，完成线宽设置。

图 2-37 "线宽"对话框

第 4 步：新建"点画线"图层，并进行相应设置。

（1）如上所述，单击"新建图层"按钮，在图层列表中出现一个名为"图层 2"的新图层，将其更名为"点画线"图层。

（2）设置"点画线"图层的颜色为"红色"，线宽为"0.15mm"。

（3）设置线型为"CENTER"。单击"线型"列的线型名称，打开"选择线型"对话框，如图 2-38 所示。单击"加载（L）"按钮，弹出"加载或重载线型"对话框，在线型列表中选择"CENTER"，单击"确定"按钮，返回"选择线型"对话框。选择"CENTER"

线型，单击"确定"按钮，完成线型的设置。

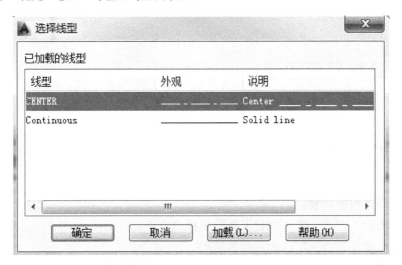

图 2-38 "选择线型"对话框

第 5 步：采用上述方法，完成"细实线"图层的创建。

第 6 步：将"粗实线"图层设置为当前图层。

选中"粗实线"图层，单击"置为当前"按钮 ✓，使"粗实线"图层前出现 ✓，即将该图层置为当前层，如图 2-39 所示。

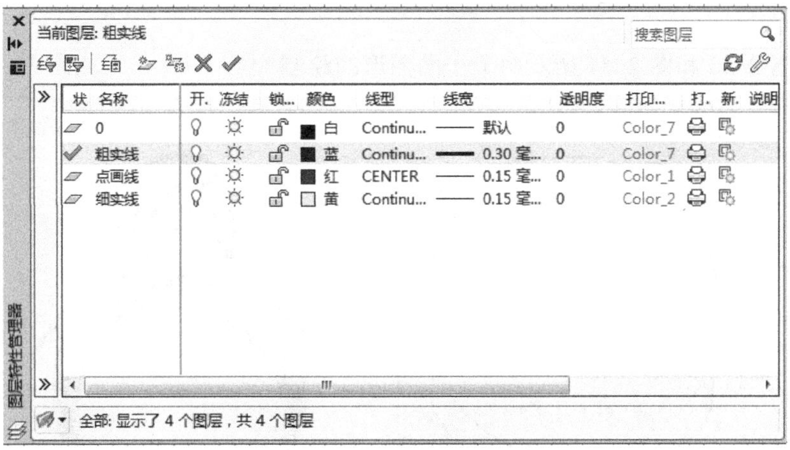

图 2-39 设置"粗实线"图层为当前层

第 7 步：将"细实线"图层冻结。

单击"细实线"图层的"冻结"列，显示太阳图标 ☼将变为显示雪花图标 ❋，此时图层被冻结。

第 8 步：将"点画线"图层关闭。

单击"点画线"图层的"开"列，小灯泡图标 ♀ 由黄色变为蓝色，此时图层被关闭。

第 9 步：以"图层练习"命名，将其保存。

单击快速访问工具栏上的"保存"按钮，弹出"图形另存为"对话框，依照知识点 3 讲述的方法进行保存即可。

任务四　绘制平面图形

- 掌握图形界限的设置
- 掌握点的输入方法，能正确使用各种坐标确定点
- 掌握对象捕捉和自动追踪的设置与使用
- 掌握直线、圆、圆弧、正多边形、矩形绘图、图案填充命令的使用
- 掌握修剪、偏移、倒圆角、阵列编辑命令的使用
- 能根据图形特点选择合适的绘图方法，绘制出简单的二维平面图形

完成如图 2-40 和图 2-41 所示两个平面图形的绘制 。

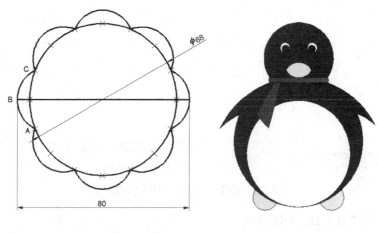

图 2-40　简单平面图形　　　　　图 2-41　企鹅

知识点 1　绘制点

1. 设置点样式

点是图样中的最基本元素，在 AutoCAD 中，可以绘制单独点的对象作为绘图的参考点。用户在绘制点时要知道绘制什么样的点和点的大小，因此需要设置点的样式。

设置点的样式操作步骤如下：

（1）选择"格式"→"点样式"菜单命令，系统弹出如图 2-42 所示的"点样式"对话框。"点样式"对话框中提供了多种点样式，用户可以根据自己的需要进行选择。点的大小可以通过"点样式"中的"点大小"文本框内输入数值来设置点的显示大小。

（2）单击"确定"按钮，点样式设置完毕。

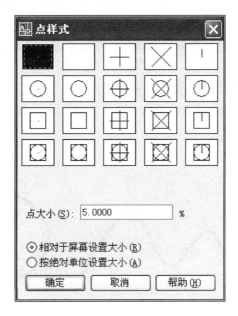

图 2-42　"点样式"对话框

2. 绘制点

启用绘制"点"的命令有以下三种方法。

◎选择"绘图"→"点"→"单点"菜单命令。

◎单击标准工具栏中"点"的按钮。

◎输入命令：PO（POINT）。

利用以上任意一种方法启用"点"的命令，绘制如图 2-43 所示的点的图形。

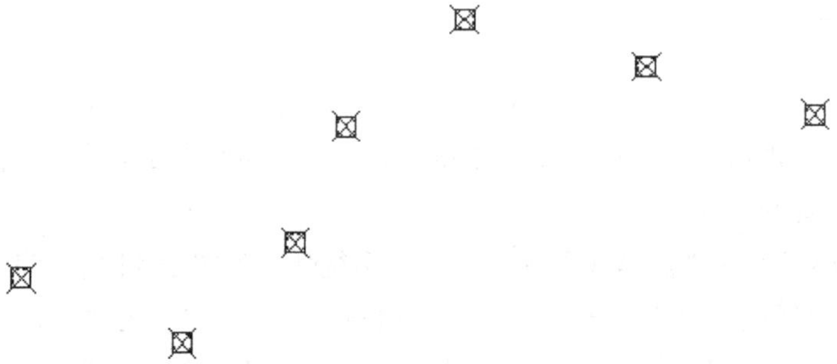

图 2-43　点的绘制

3．绘制等分点

在 AutoCAD 绘图中，经常需要对直线或一个对象进行定数等分，这个任务就要用点的定数等分来完成。

启用"点的定数等分"命令方法为选择"绘图"→"点"→"定数等分"菜单命令。在所选择的对象上绘制等分点，如图 2-44 所示。把直线 A、样条曲线 B 和椭圆 C 分别进行 4、6、8 等分。

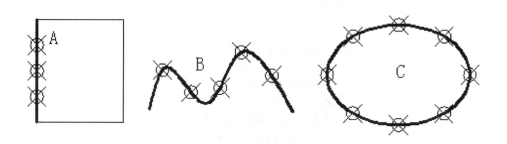

图 2-44　绘制定数等分点

知识点 2　绘制直线

直线是 AutoCAD 中最常见的图素之一。启用绘制"直线"的命令有以下三种方法。

◎选择"绘图"→"直线"菜单命令。

◎单击标准工具栏中的"直线"按钮 /。

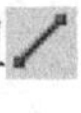

◎输入命令：LINE。

利用以上任意一种方法启用"直线"命令，就可以绘制直线。画直线有多种方法，下面重点介绍以下 4 种方法。

1．使用鼠标点绘制直线

启用绘制"直线"命令，用鼠标在绘图区域内单击一点作为线段的起点，移动鼠标，在用户想要的位置再单击，作为线段的另一点，这样连续地单击就可以画出用户所需的直线，如图 2-45 所示的五角星图形。

2．通过输入点的坐标绘制直线

图 2-45　鼠标绘制直线

用户有两种方式输入坐标值：一种是绝对直角坐标，另一种是绝对极坐标。

（1）使用绝对坐标确定点的位置来绘制直线

绝对坐标是相对于坐标系原点的坐标，在默认情况下绘图窗口中的坐标系为世界坐标系 WCS。其输入格式如下。

绝对直角坐标的输入形式是：x，y　//x，y 分别是输入点相对于原点的 X 坐标和 Y 坐标

绝对极坐标的输入形式是 r<Q　//r 表示输入点与原点的距离，Q 表示输入点到原点的连线与 X 轴正方向的夹角

【例】利用直角坐标绘制直线 AB，利用极坐标绘制直线 OC，如图 2-46 所示。

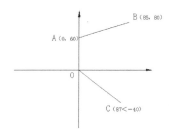

图 2-46　绝对坐标绘制直线

（2）使用相对坐标确定点的位置来绘制直线

相对坐标是用户常用的一种坐标形式，其表示方法也有两种：一是相对直角坐标，另一种是相对极坐标。相对坐标是指相对于用户最后输入点的坐标，其输入格式如下。

相对直角坐标的输入形式是：@x，y　　//在绝对坐标前面加@

相对极坐标的输入形式是：@r<Q　　//在相对极坐标前面加@

【例】用相对坐标绘制如图 2-47 所示的连续直线 ABCDEF。

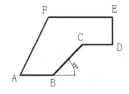

图 2-47　相对坐标绘制直线

3．使用动态输入功能画直线

动态输入命令是 AutoCAD 提供的新功能。动态输入命令在光标附近提供了一个命令界面，使用户可以专注于绘图区域。当启用动态命令时，工具栏提示将在光标附近显示信息，该信息会随着光标移动而动态更新。当某条命令为活动时，工具栏提示将为用户提供输入的位置。

启用"动态输入"命令有以下两种方法。

◎单击状态栏中的"DYN"按钮 DYN 使它凹进去，处于打开状态。

◎按键盘上的 F12 键。

【例】用动态输入命令绘制如图 2-48 所示的平行四边形 ABCD。

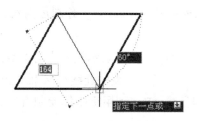

图 2-48　绘制梯形

知识点 3　绘制圆

启用绘制"圆"的命令有以下三方法。

◎选择"绘图"→"圆"菜单命令。

◎单击标准工具栏中的"圆"按钮 🕐 。

◎输入命令：C（Circle）。

启用"圆"的命令后，命令行提示：

命令:_circle 指定圆的圆心或[三点（3P）/两点（2P）/相切、相切、半径（T）]:

1．圆心和半径画圆

AutoCAD 中默认的方法是确定圆心和半径画圆。用户在"指定圆的圆心"提示下，输入圆心坐标后，命令行提示：

指定圆的半径或[直径（D）]：直接输入半径，按 Enter 键结束命令。如果输入直径 D，命令行继续进行提示：

指定圆的直径<50>：输入圆的直径，按 Enter 键结束命令。

【例】绘制如图 2-49 所示半径为 50 的圆。

操作步骤如下：

命令：_circle 指定圆的圆心或[三点（3P）/两点（2P）/相切、相切、半径（T）]:

//启用绘制圆的命令 ，在绘图窗口中选定圆
心位置

指定圆的半径或[直径（D）]:50　　　//输入半径值，按 Enter 键

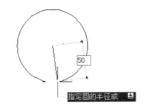

图 2-49　圆心半径画圆

2．三点法画圆（3P）

选择"三点"选项，通过指定的三个点绘制圆。

【例】如图 2-50 所示，通过指定的三个点 ABC 画圆。

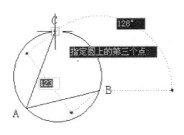

图 2-50　三点法画圆

3．二点法画圆（2P）

选择"二点"选项，通过指定的两个点绘制圆。

4．相切、相切、半径画圆（T）

选择"相切、相切、半径"选项，通过选择两个与圆相切的对象，并输入圆的半径画圆。

【例】如图 2-51 所示，与直线 OA 和 OB 相切，半径为 20 的圆。

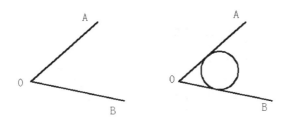

图 2-51　相切、相切、半径画圆

5．相切、相切、相切画圆（A）

选择"相切、相切、相切"选项，通过选择 3 个与圆相切的对象画圆。此命令必须从菜单栏中调出，如图 2-52 所示。

【例】如图 2-53 所示，与三角形 ABC 都相切的圆。

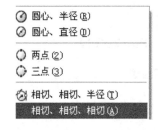

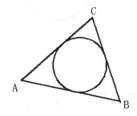

图 2-52　相切、相切、相切命令　　　图 2-53　画相切、相切、相切圆

知识点 4　圆弧

AutoCAD 中绘制圆弧共有 10 种方法，其中默认状态下是通过确定三点来绘制圆弧的。绘制圆弧时，可以通过设置起点、方向、中点、角度、终点、弦长等参数来进行绘制。在绘图过程中用户可以采用不同的办法进行绘制。

启用绘制"圆弧"命令有三种方法。

◎选择"绘图"→"圆弧"菜单命令。

◎单击标准工具栏上"圆弧"的按钮 。

◎输入命令：A（Arc）。

通过选择"绘图"→"圆弧"菜单命令后，系统将显示弹出如图 2-54 所示"圆弧"下拉菜单，在子菜单中提供了 10 种绘制圆弧的方法，用户可根据自己的需要，选择相应的选项来进行圆弧的绘制。

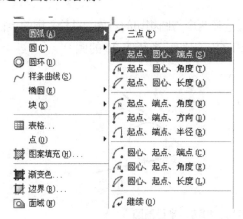

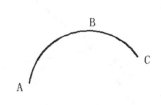

图 2-54　圆弧下拉菜单　　　　　　图 2-55　画圆弧

知识点 5　矩形

矩形也是工程图样中常见的元素之一，矩形可通过定义两个对角点来绘制，同时可以设定其宽度、圆角和倒角等。

启用绘制"矩形"命令有以下三种方法。

◎选择"绘图"→"矩形"菜单命令。

◎单击标准工具栏中的"矩形"按钮 ▭。

◎输入命令：Rectang。

【例】绘制如图 2-56 所示四种矩形。

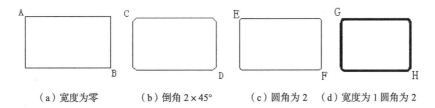

（a）宽度为零　　　（b）倒角 2×45°　　　（c）圆角为 2　　（d）宽度为 1 圆角为 2

图 2-56　绘制矩形图例

知识点 6　正多边形

在 AutoCAD 中，正多边形是具有等边长的封闭图形，其边数为 3 至 1024。绘制正多边形时，用户可以通过与假想圆的内接或外切的方法来进行绘制，也可以指定正多边形某边的端点来绘制。

启用绘制"正多边形"的命令有以下三种方法。

◎选择"绘图"→"正多边形"菜单命令。

◎单击标准工具栏中的"正多边形"按钮 ⬠。

◎输入命令：Pol（Polygon）。

绘制正多边形以前，我们先来认识一下"内接于圆（I）"和"外切于圆（C）"。如图 2-57 所示，图中绘制两种图形都与假想圆的半径有关系，用户绘制正多边形时要弄清正多边形与圆的关系。内接于圆的正六边形，从六边形中心到两边交点的连线等于圆的半径。而外切于圆的正六边形的中心到边的垂直距离等于圆的半径。

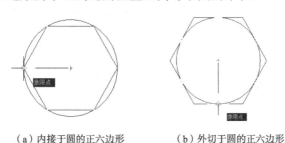

（a）内接于圆的正六边形　　　（b）外切于圆的正六边形

图 2-57　正多边形与圆的关系

知识点 7   修剪

绘图过程中经常需要修剪图形，将超出的部分去掉，以便于使图形精确相交。"修剪"命令是比较常用的编辑工具，用户在绘图过程中通常是先粗略绘制一些线段，然后使用"修剪"命令将多余的线段修剪掉。

启用"修剪"命令有以下 3 种方式。

◎选择→【修改】→【修剪】菜单命令。

◎直接单击标准工具栏上的"修剪"按钮 ⌁。

◎输入命令：Tr（Trim）。

【例】如图 2-58 所示，通过"修剪"命令，完成图形编辑。

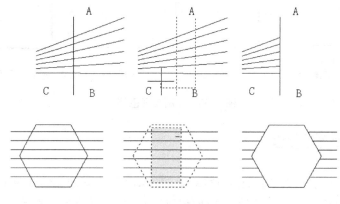

图 2-58   剪切图例

知识点 8   偏移

绘图过程中，单一对象可以将其偏移，从而产生复制的对象。偏移时根据偏移距离会重新计算其大小。偏移对象可以是直线、曲线、圆、封闭图形等。

启用"偏移"命令有以下 3 种方法。

◎选择"修改"→"偏移"菜单命令

◎直接单击标准工具栏上的"偏移"按钮 ⌁。

◎输入命令：Offset。

【例】将图 2-59 所示的直线、圆、矩形分别向内偏移 10 个单位。

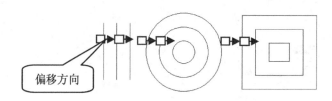

图 2-59   偏移图例

知识点 9　倒圆角

通过倒圆角可将两个图形对象之间绘制成光滑的过渡圆弧线。

启用"倒圆角"命令有以下 3 种方法。

◎选择"修改"→"倒圆角"菜单命令。

◎直接单击标准工具栏上的"倒圆角"按钮 。

◎输入命令：F（Fillet）。

【例】将图 2-60 所示图形进行不修剪和修剪倒圆角处理。

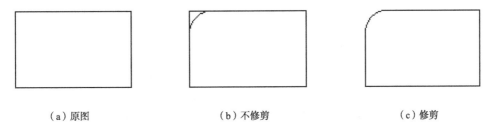

（a）原图　　　　　　　　　（b）不修剪　　　　　　　　　（c）修剪

图 2-60　设置倒圆角修剪

知识点 10　倒直角

倒直角是机械图样中常见的结构，它可以通过"倒直角"命令直接产生。

启用"倒直角"命令有以下 3 种方法。

◎选择"修改"→"倒直角"菜单命令。

◎直接单击标准工具栏上的"倒直角"按钮 。

◎输入命令：CHA（Chamfer）。

【例】将图 2-61 所示六边形进行倒角，倒角距离为 10，角度为 65°。

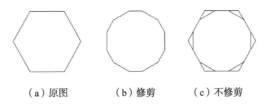

（a）原图　　　（b）修剪　　　（c）不修剪

图 2-61　设置倒角修剪图例

知识点 11　图案填充

启用"图案填充"命令有以下 3 种方法。

◎选择"绘图"→"图案填充"菜单命令。

◎单击绘图工具栏上的"图案填充"按钮 。

◎输入命令：BH（BHATCH）。

启用"图案填充"命令后，系统将弹出如图 2-62 所示"图案填充和渐变色"对话框。

图 2-62　"图案填充和渐变色"对话框

1. 选择图案填充区域

在图 2-62 所示的"图案填充和渐变色"对话框中，右侧排列的按钮与选项用于选择图案填充的区域。这些按钮与选项的位置是固定的，无论选择哪个选项卡都可以发生作用。

在"图案填充和渐变色"对话框中，各选项组的意义如下。

（1）"边界"选项组

该选项组中可以选择"图案填充"的区域方式。其各个选项的意义如下。

◎"添加：拾取点"按钮 ▓：用于根据图中现有的对象自动确定填充区域的边界，该方式要求这些对象必须构成一个闭合区域。单击该按钮，系统将暂时关闭"图案填充和渐变色"对话框，系统提示用户拾取一个点。此时就可以在闭合区域内单击，系统自动以虚线形式显示用户选中的边界，如图 1.2.63 所示。

图 2-63　添加拾取点

确定完图案填充边界后，下一步就是在绘图区域内单击鼠标右键以显示光标菜单，如图 2-64 所示。利用此选项，用户可以单击"预览"选项，来预览图案填充的效果如图 2-65

所示。

图 2-64　光标菜单

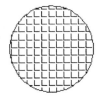 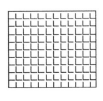 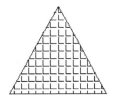

图 2-65　填充效果

具体操作步骤如下：

命令：_bhatch　　　　　　　　　　　　　//选择图案填充命令 ▨ ，在弹出的图案填充
与渐变色对话框中单击拾取点 ▨ 按钮

拾取内部点或[选择对象（S）/删除边界（B）]:正在选择所有对象...

//在图形内部单击，如图 2-62 所示

正在选择所有可见对象...

正在分析所选数据...

正在分析内部孤岛...　　　　　　　　　　//边界变为虚线，单击右键，弹出光标菜单，

选择"预览"选项，如图 2-63 所示

拾取内部点或[选择对象（S）/删除边界（B）]:

<预览填充图案>

拾取或按 Esc 键返回到对话框或 <单击右键接受图案填充>:

//单击右键，填充效果如图 2-65 所示

◎【添加：选择对象】按钮 ▨ ：用于选择图案填充的边界对象，该方式需要用户逐
一选择图案填充的边界对象，选中的边界对象将变为虚线，如图 2-66 所示，系统不会自
动检测内部对象，如图 2-67 所示。

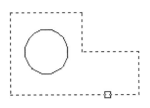 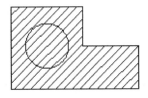

图 2-66　选中边界　　　　　　　　图 2-67　填充效果

具体操作步骤如下：

命令:_bhatch   //选择图案填充命令，在弹出的 "图案填充与渐变色"对话框中单击选择对象按钮

选择对象或[拾取内部点（K）/删除边界（B）]: 找到 1 个   //依次单击各个边

选择对象或[拾取内部点（K）/删除边界（B）]: 找到 1 个，总计 2 个

选择对象或[拾取内部点（K）/删除边界（B）]: 找到 1 个，总计 3 个

选择对象或[拾取内部点（K）/删除边界（B）]: 找到 1 个，总计 4 个

选择对象或[拾取内部点（K）/删除边界（B）]: 找到 1 个，总计 7 个

选择对象或[拾取内部点（K）/删除边界（B）]: 找到 1 个，总计 6 个

选择对象或[拾取内部点（K）/删除边界（B）]:   //单击右键，弹出光标菜单，选择"预览"选项，如图 2-65 所示

<预览填充图案>

拾取或按 Esc 键返回到对话框或 <单击右键接受图案填充>:   //单击右键

结果如图 2-67 所示。

◎【删除边界】按钮：用于从边界定义中删除以前添加的任何对象，如图 2-68 所示。

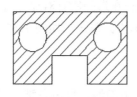 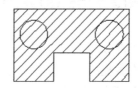

（a）删除边界前   （b）删除边界后

图 2-68 删除图案填充边界

具体操作步骤如下：

命令:_rectang   //选择图案填充命令，在弹出"图案填充与渐变色"对话框中单击拾取点按钮

拾取内部点或[选择对象（S）/删除边界（B）]:   //单击 A 点附近位置，如图 2-69（a）所示

正在选择所有可见对象...

正在分析所选数据...

正在分析内部孤岛...

拾取内部点或[选择对象（S）/删除边界（B）]:   //按 Enter 键，返回"图案填充和渐变色"对话框，单击删除边界按钮

选择对象或[添加边界（A）]:   //单击选择圆 B，如图 2-69

选择对象或[添加边界（A）/放弃（U）]:	//单击选择圆 C，如图 2-69（b）所示
选择对象或[添加边界（A）/放弃（U）]:	//按 Enter 键，返回"图案填充和渐变色"对话框，单击 确定 按钮

结果如图 2-69（c）所示。

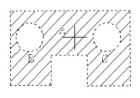 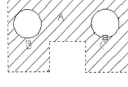 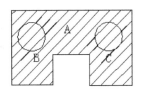

（a）拾取点　　　　　　　（b）选择删除边界　　　　　　　（c）删除边界后

图 2-69　删除边界过程

◎"重新创建边界"按钮 ：围绕选定的图形边界或填充对象创建多段线或面域，并使其与图案填充对象相关联（可选）。如果未定义图案填充，则此选项不可选用。

◎"查看选择集"按钮 ：单击"查看选择集"按钮，系统将显示当前选择的填充边界。如果未定义边界，则此选项不可选用。

（2）"选项"选项组

"选项"选项组中的选项是用于控制几个常用的图案填充或填充的选项。

◎"关联"选项：用于创建关联图案填充。关联图案是指图案与边界相链接，当用户修改边界时，填充图案将自动更新。

◎"创建独立的图案填充"选项：用于控制当指定了几个独立的闭合边界时，是创建单个图案填充对象，还是创建多个图案填充对象。

◎"绘图次序"选项：用于指定图案填充的绘图顺序，图案填充可以放在所有其他对象之后，所有其他对象之前、图案填充边界之后或图案填充边界之前。

◎"继承特性"按钮 ：用指定图案的填充特性填充到指定的边界。单击"继承特性"按钮 ，并选择某个已绘制的图案，系统即可将该图案的特性填充到当前填充区域中。

2．选择图案样式

在"图案填充"选项卡中，"类型和图案"选项组可以选择图案填充的样式。"图案"下拉列表用于选择图案的样式，如图 2-69 所示，所选择的样式将在其下的"样例"显示框中显示出来，用户需要时可以通过滚动条来选取自己所需的样式如图 2-70 所示。

单击"图案"下拉列表框右侧的按钮 或单击"样例"显示框，弹出"填充图案选项板"的对话框，如图 2-71 所示，列出了所有预定义图案的预览图像。

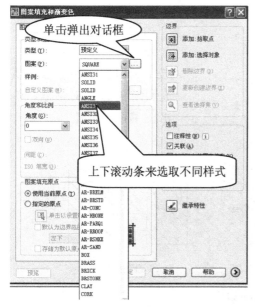

图 2-70 选择图案样式

图 2-71 "填充图案选项板"对话框

在"填充图案选项板"对话框中，各个选项的意义如下。

◎ "ANSI"选项：用于显示系统附带的所有 ANSI 标准图案，如图 2-71 所示。

◎ "ISO"选项：用于显示系统附带的所有 ISO 标准图案，如图 2-72 所示

◎ "其他预定义"选项：用于显示所有其他样式的图案，如图 2-73 所示。

◎ "自定义"选项：用于显示所有已添加的自定义图案。

图 2-72 ISO 选项

图 2-73 其他预定义

3．弧岛的控制

在"图案填充与渐变色"对话框中，单击"更多"选项按钮 ⊙，展开其他选项，可以控制"弧岛"的样式，此时对话框如图 2-74 所示。

图 2-74　"弧岛样式"对话框

（1）在"弧岛"选项组

在"弧岛"选项组中，各选项的意义如下。

◎ "弧岛检测"选项：控制是否检测内部闭合边界。

◎ "普通"选项：从外部边界向内填充。如果系统遇到一个内部弧岛，它将停止进行图案填充，直到遇到该弧岛的另一个弧岛。其填充效果如图 2-75 所示。

◎ "外部"选项：从外部边界向内填充。如果系统遇到内部弧岛，它将停止进行图案填充。此选项只对结构的最外层进行图案填充。而图案内部保留空白。其填充效果如图 2-76 所示。

◎ "忽略"选项：忽略所有内部对象，填充图案时将通过这些对象。其填充效果如图 2-77 所示。

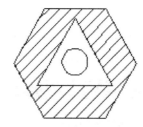

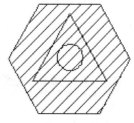

图 2-75　普通　　　　　　图 2-76　外部　　　　　　图 2-77　忽略

（2）"边界保留"选项组

在"边界保留"选项组中，指定是否将边界保留为对象，并确定应用于这些对象的对象类型。

（3）"边界集"选项组

在"边界集"选项组中，用于定义当从指定点定义边界时要分析的对象集。当使用"选择对象"定义边界时，选定的边界集无效。

◎ "新建"按钮 ：提示用户选择用来定义边界集的对象。

（4）"允许的间隙"选项组

在"允许的间隙"选项组中，设置将对象用做图案填充边界时可以忽略的最大间隙。默认值为 0，此值指定对象必须是封闭区域而没有间隙。

◎ "公差"文本框：按图形单位输入一个值（从 0 到 700），以设置将对象用做图案填充边界时可以忽略的最大间隙。任何小于等于指定值的间隙都将被忽略，并将边界视为封闭。

（5）"继承选项"选项组

使用该选项组创建图案填充时，这些设置将控制图案填充原点的位置。

◎ "使用当前原点"：使用当前的图案填充原点的设置。

◎ "使用源图案填充的原点"：使用源图案填充的图案填充原点。

4．选择图案的角度与比例

在"图案填充"选项卡中，"角度和比例"可以用于定义图案填充角度和比例。"角度"下拉列表框用于选择预定义填充图案的角度，用户也可在该列表框中输入其他角度值，如图 2-78 所示。

（a）角度为 0°　　　　　（b）角度为 45°　　　　　（c）角度为 90°

图 2-78　填充角度

在"图案填充"选项卡中，"比例"下拉列表框用于指定放大或缩小预定义或自定义图案，用户也可在该列表框中输入其他缩放比例值，如图2-79所示。

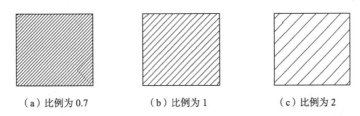

（a）比例为0.7　　　　（b）比例为1　　　　（c）比例为2

图2-79　填充比例

5．渐变色填充

在"图案填充"选项卡中，选择"渐变色"选项卡，可以填充图案为渐变色，也可以直接单击标准工具栏上"渐变色填充"按钮 ![](．启用"渐变色"填充命令后，系统弹出如图2-80所示"渐变色填充"对话框。

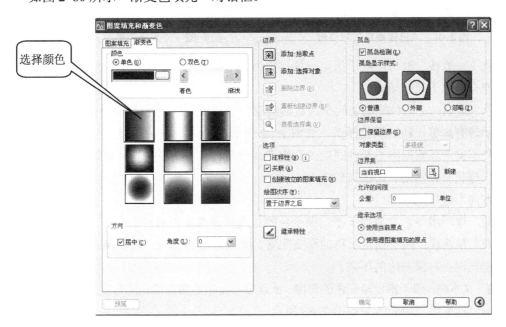

图2-80　"渐变色填充"选项

在"渐变色填充"选项卡中，各选项组的意义如下。

（1）"颜色"选项组

在"颜色"选项组中，主要用于设置渐变色的颜色。

◎"单色"选项：从较深的着色到较浅色调平滑过渡的单色填充。在图2-80中，单击"颜色"按钮 ，系统弹出如图2-81所示的对话框，从中可以选择系统所提供的索引颜色、真彩色或配色系统颜色。

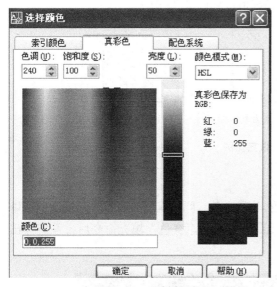
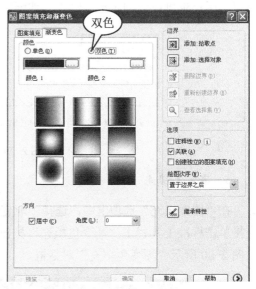

图 2-81 "选择颜色"对话框   图 2-82 "双色"选项

◎"着色——渐浅"滑块：用于指定一种颜色为选定颜色与白色的混合，或为选定颜色与黑色的混合，用于渐变填充。

◎"双色"选项：在两种颜色之间平滑过渡的双色渐变填充。AutoCAD 分别为颜色 1 和颜色 2 显示带有浏览按钮的颜色样例，如图 2-82 所示。

在"渐变图案"区域列出了 9 种固定的渐变图案的图标，单击图标就可以选择渐变色填充为线状、球状和抛物面状等图案的填充方式。

（2）"方向"选项组

在"方向"选项组中，主要用于指定渐变色的角度以及其是否对称。

◎"居中"单选项：用于指定对称的渐变配置。如果选定该选项，渐变填充将朝左上方变化，创建光源在对象左边的图案。

◎"角度"文本框：用于指定渐变色的角度。此选项与指定给图案填充的角度互不影响。

平面图形"渐变色"填充效果如图 2-83 所示。

图 2-83 平面图形"渐变色"填充效果

知识点 12　阵列

阵列主要是对于规则分布的图形，例如，环形或者矩形。

启用"阵列"命令有以下3种方法。

◎选择"修改"→"阵列"菜单命令。

◎直接单击标准工具栏上的"阵列"按钮 品 。

◎输入命令：Array。

启用"阵列"命令后，系统将弹出如图 2-84 所示"阵列"对话框。在该对话框中，用户可根据自己的需要进行设置。

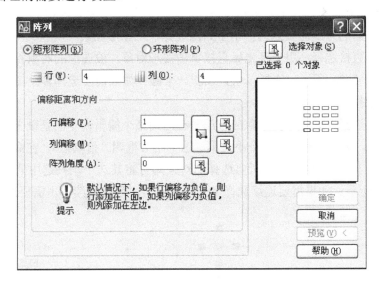

图 2-84　"阵列"对话框

AutoCAD 提供了两种阵列形式：矩形阵列和环形阵列，其效果如图 2-85 所示。

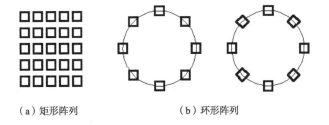

（a）矩形阵列　　　　　　　　（b）环形阵列

图 2-85　阵列形式

知识点 13　选择对象

对已有的图形进行编辑，AutoCAD 提供了两种不同的编辑顺序：

①先下达编辑命令，再选择对象。

②先选择对象，再下达编辑命令。

不论采用何种方式，在二维图形的编辑过程中，需要进行选择图形对象的操作，AutoCAD 为用户提供了多种选择对象的方式。对于不同图形、不同位置的对象可使用不同的选择方式，这样可提高绘图的工作效率。所以本项目首先介绍对象的选择方式，然后介绍不同的编辑方法和技巧。

1. 选择对象的方式

在 AutoCAD 2014 中提供了多种选择对象的方法，在通常情况下，用户可通过鼠标逐个点取被编辑的对象，也可以利用矩形窗口、交叉矩形窗口选取对象，同时可以利用多边形窗口、交叉多边形窗口等方法选取对象。

（1）选择单个对象

选择单个对象的方法叫做点选。由于只能选择一个图形元素，所以又叫单选方式。

◆使用光标直接选择：用十字光标直接单击图形对象，被选中的对象将以带有夹点的虚线显示，如图 2-86 所示，选择一条直线和一个圆；如果需要选择多个图形对象，可以继续单击需要选择的图形对象。

◆使用工具选择：这种选择对象的方法是在启用某个编辑命令的基础上的，例如，选择"复制"命令，十字光标变成一个小方框，这个小方框叫"拾取框"。在命令行出现"选择对象："时，用"拾取框"单击所要选择的对象即可将其选中，被选中的对象以虚线显示，如图 2-87 所示。如果需要连续选择多个图形元素，可以继续单击需要选择的图形。

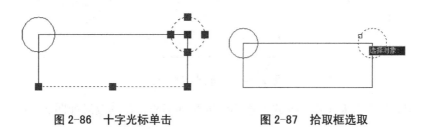

图 2-86　十字光标单击　　　　　图 2-87　拾取框选取

（2）利用矩形窗口选择对象

如果用户需要选择多个对象时，应该使用矩形窗口选择对象。在需要选择多个图形对象的左上角或左下角单击，并向右下角或右上角方向移动鼠标，系统将显示一个紫色的矩形框，当矩形框将需要选择的图形对象包围后，单击鼠标，包围在矩形框中的所有对象就被选中，如图 2-88 所示，选中的对象以虚线显示。

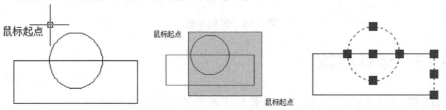

图 2-88　矩形窗口选择对象

（3）利用交叉矩形窗口选择对象

在需要选择的对象右上角或右下角单击，并向左下角或左上角方向移动鼠标，系统将显示一个绿色的矩形虚线框，当虚线框将需要选择的图形对象包围后，单击鼠标，虚线框包围和相交的所有对象就被选中，如图2-89所示，被选中的对象以虚线显示。

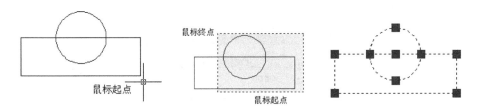

图2-89　交叉矩形窗口选择对象

（4）利用多边形窗口选择对象

在绘图过程中，当命令行提示"选择对象"时，在命令行输入"WP"，按Enter键，则用户可以通过绘制一个封闭多边形来选择对象，凡是包围在多边形内的对象都将被选中。

（5）利用交叉多边形窗口选择对象

在绘图过程中，当命令行提示"选择对象"时，在命令行输入"CP"，按Enter键，则用户可以通过绘制一个封闭多边形来选择对象，凡是包围在多边形内以及与多边形相交的对象都将被选中。

（6）利用折线选择对象

在绘图过程中，当命令行提示"选择对象"时，在命令行输入"F"，按Enter键，则用户可以连续选择单击以绘制多条折线，此时折线以虚线显示，折线绘制完成后按Enter键，此时所有与折线相交的图形对象都将被选中。通过绘制一个封闭多边形来选择对象，凡是包围在多边形内以及与多边形相交的对象都将被选中。

（7）选择最后创建的图形

在绘图过程中，当命令行提示"选择对象"时，在命令行输入"L"，按Enter键，则用户可以选择最后建立的对象。

2．选择全部对象

在绘图过程中，如果用户需要选择整个图形对象，可以利用以下3种方法。

★选择"编辑"→"全部选择"菜单命令。

★按键盘上Ctrl+A键。

★使用编辑工具时，当命令行提示"选择对象："时，输入"ALL"，并按Enter键。

3．快速选择对象

在绘图过程中，使用快速选择功能，可以快速地将指定类型的对象或具有指定属性值的对象选中，启用"快速选择"命令有以下3种方法。

★选择"工具"→"快速选择"菜单命令。

★使用光标菜单，在绘图窗口内右击鼠标，并在弹出的快捷菜单中选择"快速选择"选项。

★输入命令：Qselect。

当启用"快速选择"命令后，系统弹出如图 2-90 所示"快速选择"对话框，通过该对话框可以快速选择所需的图形元素。

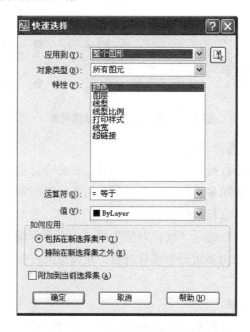

图 2-90   "快速选择"对话框

4．取消选择

要取消所选择的对象，有以下两种方法。

★按键盘上的 Esc 键。

★在绘图窗口内鼠标右击，在光标菜单中选择"全部不选"命令。

5．设置选择方式

用户在绘图过程中，往往有些设置不符合自己的绘图要求，这时就要重新进行设置。下面介绍在"选项"对话框中设置选择的常用方法。操作步骤如下：

选择"工具"→"选项"菜单命令，或者在绘图区域右击鼠标，在弹出的快捷菜单中选择"选项"命令，在打开的"选项"对话框中选中"选择集"选项卡，如图 2-91 所示。

在"选项"对话框中可以对选择的一些具体项目进行设置。例如：在"拾取框大小"选项组中可以通过拖动滑块来设置拾取点在绘图区域内显示状态的大小。

选择所需的选项，单击"确定"按钮，就可以完成选择方式的设置。

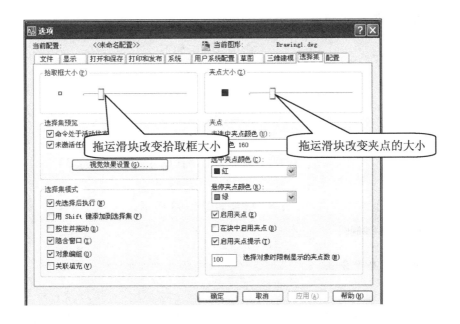

图 2-91 设置选择

（一）绘制平面图形一

1．绘制长为 80 的直线

命令行提示如下：

命令: _line   //单击"直线"命令。

指定第一个点: //在适当位置单击左键，确定第一个点。

指定下一点或 [放弃（U）]: 80   //鼠标水平向右移动后，输入数值 80.

指定下一点或 [放弃（U）]:   //敲击空格键，退出命令操作。

效果如图 2-92 所示。

80

图 2-92 绘制直线

2．绘制直径为 68 的圆

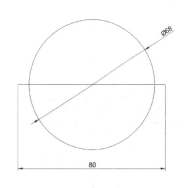

命令行提示如下：

命令: _circle　　　　　　　　//单击"圆"命令。

指定圆的圆心或 [三点（3P）/两点（2P）/切点、切点、半径（T）]：//在直线的中点处单击，确定圆位置。

指定圆的半径或 [直径（D）]: 34　　//输入圆的半径数值 34。

效果如图 2-93 所示。

图 2-93　绘制圆

3．绘制 16 个平分点

命令行提示如下：

命令: _divide//选择"绘图"→"点"→"定数等分"，如图 2-94 所示。

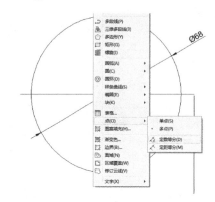

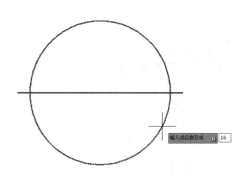

图 2-94　选择平分点命令　　　　　图 2-95　选择等分对象

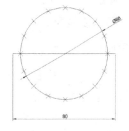

选择要定数等分的对象:　　//选择圆为等分对象，如图 2-95 所示。

输入线段数目或 [块（B）]: 16　　//输入等分数目，16。空格确认后，效果如图 2-96 所示。

图 2-96　绘制等分点

4．绘制圆弧

采用三点绘制圆弧的方法来完成。

命令提示行如下：

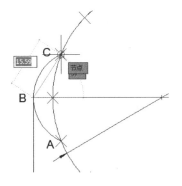

图 2-97 绘制圆弧

命令：_arc   //选择"绘图"→"圆
                                                            弧"→三点（P）。
圆弧创建方向：逆时针（按住 Ctrl 键可切换方向）。
                                                    //注意，圆弧默认
            的方向为逆时针。
指定圆弧的起点或 [圆心（C）]：   //指定圆弧的第一
                                                            点 A。
指定圆弧的第二个点或 [圆心（C）/端点（E）]:
                                                    //指定圆弧的第二点 B。
指定圆弧的端点：   //指定圆弧的第三点 C。
完成左侧圆弧的绘制，效果图如图 2-97 所示。

5．圆弧阵列

命令提示行如下：

命令: _arraypolar //选择"修改"→"阵列"→环形阵列如图 2-98 所示。

图 2-98 选择"环形阵列"命令

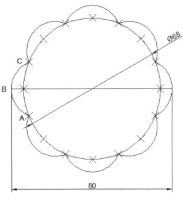

图 2-99 阵列

选择对象: 找到 1 个   //选择圆弧为阵列对象。
选择对象:
类型 = 极轴   关联 = 是
指定阵列的中心点或 [基点（B）/旋转轴（A）]:   //指定阵列中心点为
                                                                                        直径为 68 的圆的
                                                                                        圆心。
选择夹点以编辑阵列或 [关联（AS）/基点（B）/项目（I）/项目间角度（A）/填充角度（F）
/行（ROW）/层（L）/旋转项目（ROT）/退出（X）]<退出>:I   //选择修改项目I。
输入阵列中的项目数或 [表达式（E）] <6>: 8   //输入阵列数目8。
选择夹点以编辑阵列或 [关联（AS）/基点（B）/项目（I）/项目间角度（A）/填充角度

（F）/行（ROW）/层（L）/旋转项目（ROT）/退出（X）] <退出>: *取消*　　//单击空格，确认退出。

完成阵列编辑，效果图如图 2-99 所示。

（二）绘制平面图形 2 企鹅

第 1 步：启动 AutoCAD Electrical2014，进入 "AutoCAD 经典"工作空间。

第 2 步：创建图层，如图 2-100 所示。

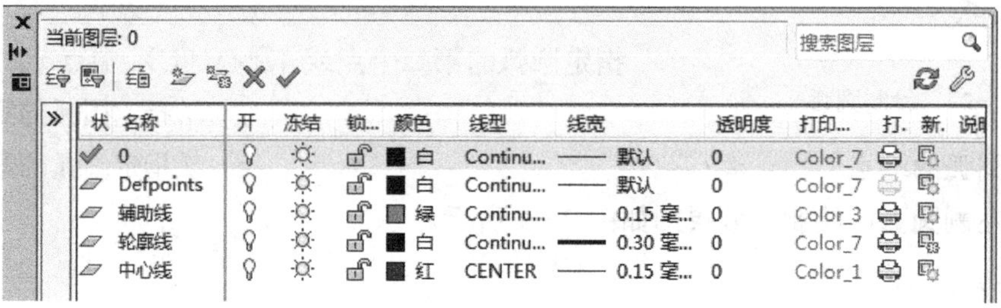

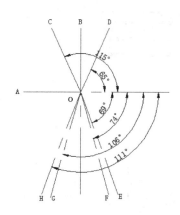

图 2-100　图层设置

第 3 步：绘制定位线。打开中心线层绘制完成如图 2-101 所示定位线。

图 2-101　绘制定位线

命令提示行如下：

命令：_line

指定第一个点：　　　　　　　　　　//指定 O 点。

指定下一点或 [放弃（U）]：65　　　//输入角度值 65。

指定下一点或 [放弃（U）]：　　　　//退出直线命令。

命令：_line

指定第一个点：　　　　　　　　　　//指定 O 点。

指定下一点或 [放弃（U）]：115　　//输入角度值 115。

指定下一点或 [放弃（U）]：　　　　//退出直线命令。

命令：_line

指定第一个点：   //指定 O 点。

指定下一点或 [放弃（U）]: 69   //输入角度值69。

指定下一点或 [放弃（U）]:   //退出直线命令。

命令：LINE

指定第一个点：   //指定 O 点。

指定下一点或 [放弃（U）]: 74   //输入角度值74。

指定下一点或 [放弃（U）]:   //退出直线命令。

命令：LINE

指定第一个点：   //指定 O 点。

指定下一点或 [放弃（U）]: 106   //输入角度值106。

指定下一点或 [放弃（U）]:   //退出直线命令。

命令：LINE

指定第一个点：   //指定 O 点。

指定下一点或 [放弃（U）]: 111   //输入角度值106。

指定下一点或 [放弃（U）]:   //退出直线命令。

第 4 步：绘制头部。

（1）绘制基本辅助圆。

命令提示行如下：

命令：_circle   //绘制圆 R6。

指定圆的圆心或 [三点（3P）/两点（2P）/切点、切点、半径（T）]:

指定圆的半径或 [直径（D）]: 6

命令：_circle   //绘制圆 R12.5。

指定圆的圆心或 [三点（3P）/两点（2P）/切点、切

点、半径（T）]:

指定圆的半径或 [直径（D）] <6.0000>: 12.5

命令：_circle   //绘制圆 R13。

指定圆的圆心或 [三点（3P）/两点（2P）/切点、切

点、半径（T）]:

指定圆的半径或 [直径（D）] <12.5000>: 13

效果如图 2-102 所示。

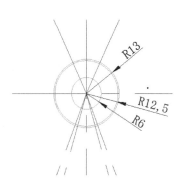

图 2-102 绘制头部

（2）绘制嘴和眼部。

在完成第二个 R6 的基础上，绘制组成眼部的两个小圆 R1.5 和 R2，并修剪完成。

命令提示行如下：

命令：_circle

指定圆的圆心或 [三点（3P）/两点（2P）/切点、切点、半径（T）]:

指定圆的半径或 [直径（D）] <13.0000>:6

命令: _circle

指定圆的圆心或 [三点（3P）/两点（2P）/切点、切点、半径（T）]:

指定圆的半径或 [直径（D）] <6.0000>: 2

命令: _circle

指定圆的圆心或 [三点（3P）/两点（2P）/切点、切点、半径（T）]:

指定圆的半径或 [直径（D）] <2.0000>:1.5

效果如图 2-103 所示。

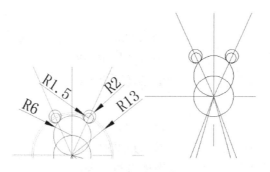

图 2-103　绘制嘴和眼部

（3）绘制 R14，完成头部。

采用自动追踪法绘制 R14，命令提示行如下：

命令: _circle

指定圆的圆心或 [三点（3P）/两点（2P）/切点、切点、半径（T）]: tt　　　　//输入 tt 进入追踪状态，如图 2-104 所示。

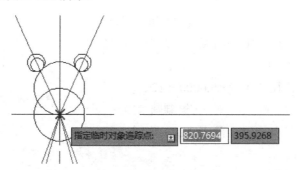

图 2-104　追踪状态

指定临时对象追踪点:　　　　　　　　　　　　　　　　　　　//单击中心点。

指定圆的圆心或 [三点（3P）/两点（2P）/切点、切点、半径（T）]: 7.8　　　//输入追踪距离为 7.8，如图 2-105 所示。

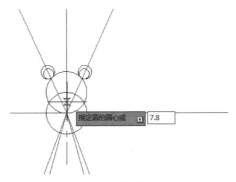

图 2-105　设置追踪距离

指定圆的半径或 [直径（D）] <1.5000>: 14　　　　　　　　　　　//输入半径值为 14。

效果图如图 2-106 所示。

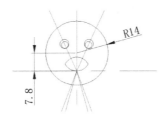

图 2-106　头部完成设置

第 5 步：绘制身体。

（1）绘制 R26 的圆，如图 2-107 所示（同上采用自动追踪的方法绘制）。

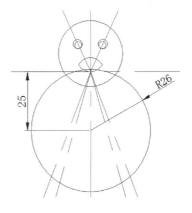

图 2-107　绘制 R26 的圆

（2）绘制 R35 的圆，效果如图 2-108 所示。

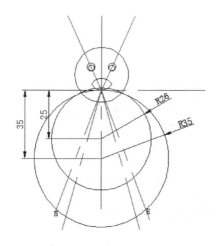

图 2-108 绘制 R35 的圆

（3）先绘制辅助圆 R40，再分别用辅助圆与 OH、OE 相交的两点绘制 R25 并修剪，完成手臂。效果如图 2-109 所示。

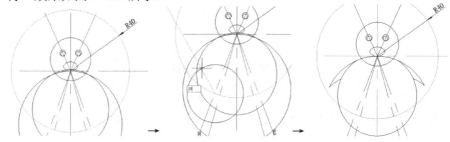

图 2-109 完成手臂绘制

（4）绘制 R21 的圆。自 R26 的圆心向下捕捉 5，找到圆心，绘制 R21。效果图如图 2-110 所示。

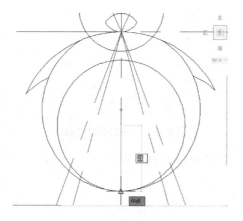

图 2-110 绘制 R21 的圆

（5）绘制脚部。找到圆心，绘制 R5，再修剪完成绘制。效果如图 2-111 所示。

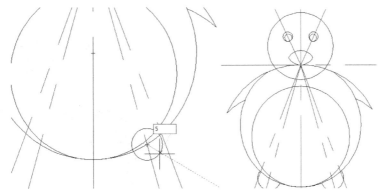

图 2-111　绘制脚

第 6 步：绘制围巾。

将水平中心线向下偏移 2，以"起点　端点　方向"的方法绘制圆弧，如图 2-112 所示。

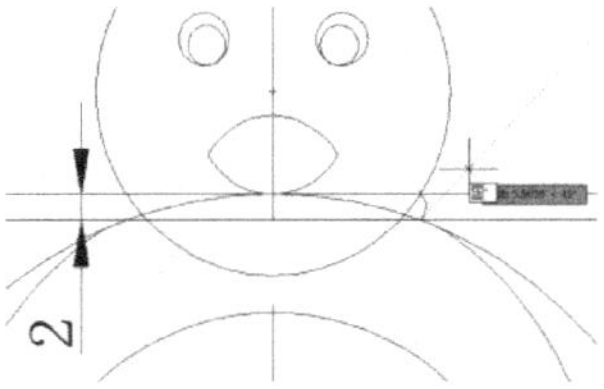

图 2-112　绘制的圆弧

命令行提示如下：

命令：_offset　　　　　　　　　　　　　//偏移命令。

当前设置：删除源=否　图层=源　OFFSETGAPTYPE=0

指定偏移距离或 [通过（T）/删除（E）/图层（L）] <

通过>：指定第二点: 2　　　　//偏移距离为 2。

选择要偏移的对象，或 [退出（E）/放弃（U）] <退出>：

指定要偏移的那一侧上的点，或 [退出（E）/多个（M）/放弃（U）] <退出>：　　　　//

偏移方向向下。

选择要偏移的对象，或 [退出（E）/放弃（U）] <退出>：　　　　　　//选择偏移对象

为水平中心线。

选择要偏移的对象，或 [退出（E）/放弃（U）] <退出>：

命令：_arc　　　　　　　　　　　　　　　//选择圆弧命令。

圆弧创建方向：逆时针（按住 Ctrl 键可切换方向）。

指定圆弧的起点或 [圆心（C）]：　　　　　　　　//指定起点。

指定圆弧的第二个点或 [圆心（C）/端点（E）]：_e

指定圆弧的端点：　　　　　　　　　　　　//指定端点。

指定圆弧的圆心或 [角度（A）/方向（D）/半径（R）]：_d 指定圆弧的起点切向：　　//

确定方向为 45°。

调用直线命令完成其他部分绘制，修剪后效果如图 2-113 所示。

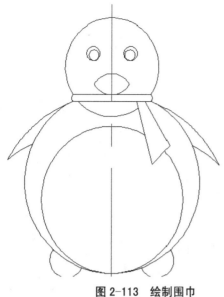

图 2-113　绘制围巾　　　　　　　　图 2-114　填充颜色

第 7 步：填充颜色。

调用填充命令，依照图 2-114 所示完成操作。

任务五　创建机械样板文件

- 学会设置绘图单位
- 学会设置绘图界限
- 学会设置文字样式
- 学会设置尺寸样式
- 学会绘制标题栏

创建如图 2-115 所示，符合我国国家标准的 A4 横装机械样板文件。

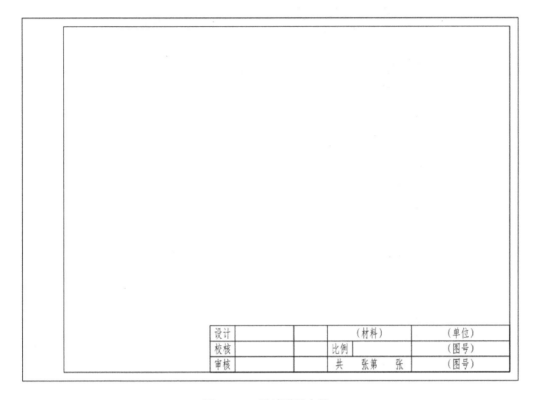

设计		（材料）	（单位）
校核		比例	（图号）
审核		共　张第　张	（图号）

图 2-115　机械样板文件

知识点 1　图形单位

对任何图形而言，总有其大小、精度以及采用的单位。AutoCAD 中，在屏幕上显示的只是屏幕单位，但屏幕单位应该对应一个真实的单位。不同的单位其显示格式是不同的。同样也可以设定或选择角度类型、精度和方向。

启用"图形单位"命令有以下两种方法。

★选择"格式"→"单位"菜单命令。

★输入命令：UNITS。

启用"图形单位"命令后，弹出图 2-116 所示"图形单位"对话框。

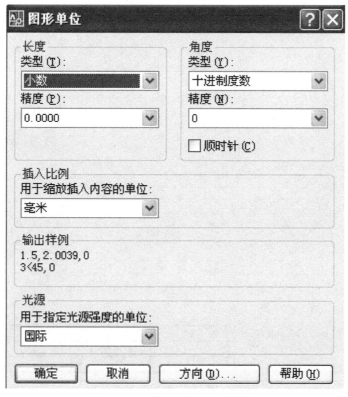

图 2-116 "图形单位"对话框

在"图形单位"对话框中包含长度、角度、插入比例和输出样例 4 个选项组。另外还有 4 个按钮。各选项组的意义如下。

1."长度"选项组

在"长度"选项组中，用于设定长度的单位类型及精度。

◎ "类型"：通过下拉列表框，可以选择长度单位类型。

◎ "精度"：通过下拉列表框，可以选择长度精度，也可以直接输入。

2."角度"选项组

在"角度"选项组中，用于设定角度单位类型和精度。

◎ "类型"：通过下拉列表框，可以选择角度单位类型。

◎ "精度"：通过下拉列表框，可以选择角度精度，也可以直接输入。

◎ "顺时针"：用于控制角度方向的正负。选中该复选框时，顺时针为正，否则，逆时针为正。

3."插入比例"选项组

在"插入比例"选项组中，设置缩放插入内容的单位。

4.“输出样例”选项组

在“输出样例”选项组中，示意了以上设置后的长度和角度单位格式。

◎ ⬚方向(D)...⬚ 按钮：单击 ⬚方向(D)...⬚ 按钮，系统弹出“方向控制”对话框，从中可以设置基准角度，如图 2-117 所示，单击⬚ 确定 ⬚按钮，返回“图形单位”对话框。

图 2-117 “方向控制”对话框

以上所有项目设置完成后单击⬚ 确定 ⬚按钮，确认文件的单位设置。

知识点 2 图形界限

图形界限是指绘图的范围，相当于手工绘图时图纸的大小。设定合适的绘图界限，有利于确定图形绘制的大小、比例、图形之间的距离，有利于检查图形是否超出“图框”。在 AutoCAD Electrical2014 中，设置图形界限主要是为图形确定一个图纸的边界。

工程图样一般采用 5 种比较固定的图纸规格，需要设定图纸区有 A0（1189×841）、A1（841×594）、A2（594×420）、A3（420×297）、A4（297×210）。利用 AutoCAD2014 绘制工程图形时，通常是按照 1:1 的比例进行绘图的，所以用户需要参照物体的实际尺寸来设置图形的界限。启用设置“图形界限”命令有以下两种方法。

★选择“格式”→“图形界限”菜单命令。

★输入命令：Limits。

启用设置“图形界限”命令后，命令行提示如下：

命令：_limits

重新设置模型空间界限：

指定左下角点或[开（ON）／关（OFF）] <0．0000，0．0000>：

指定右上角点<XXX，XXX>：

【例】设置绘图界限为宽 594，高 420，并通过栅格显示该界限。

命令:'_limits   //启用“图形界

限"命令

重新设置模型空间界限:

指定左下角点或 [开（ON）/关（OFF）]<0.0000，0.0000>:　　　　// 按 Enter 键

指定右上角点<420.0000，297.0000>:594，420　　　　　　　// 输入新的图
　　　　　　　　　　　　　　　　　　　　　　　　　　　　　　 形界限

单击绘图窗口内缩放工具栏上"全部缩放"按钮，使整个图形界限显示在屏幕上。

单击状态栏中的"栅格"按钮栅格，栅格显示所设置的绘图区域。

或者启用缩放命令:

命令:'_zoom

指定窗口的角点，输入比例因子（nX 或 nXP），或者

[全部（A）/中心（C）/动态（D）/范围（E）/上一个（P）/比例（S）/窗口（W）/
对象（O）<实时>:A

　　　　　　　　　　　　　　　　　　　　　　　　　// 输入"A"，选择
　　　　　　　　　　　　　　　　　　　　　　　　　　　全部缩放，按
　　　　　　　　　　　　　　　　　　　　　　　　　　　Enter 键

正在重生成模型。

命令:按 F7 键<栅格　开>

结果如图 2-118 所示。

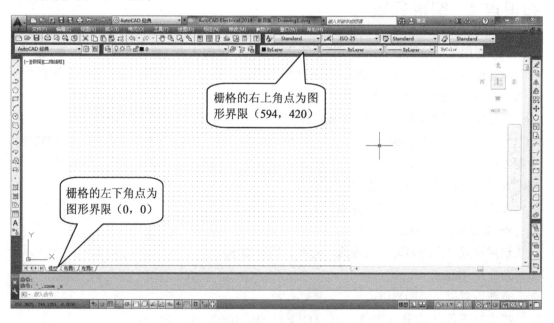

图 2-118　绘图界限

知识点 3　文字样式

在输入文字之前，首先要设置文字样式。文字样式包括字体、字高、宽度比例、倾斜比例、倾斜角度以及反向、颠倒、垂直、对齐等内容。

1．创建文字样式

启用"文字样式"命令有以下 3 种方法。

★选择"格式"→"文字样式"菜单命令。

★单击"样式"工具栏上"文字样式管理器"按钮 $\mathbf{A}^{\prime}$。

★输入命令：STYLE。

启用"文字样式"命令后，系统弹出"文字样式"对话框，如图 2-119 所示。

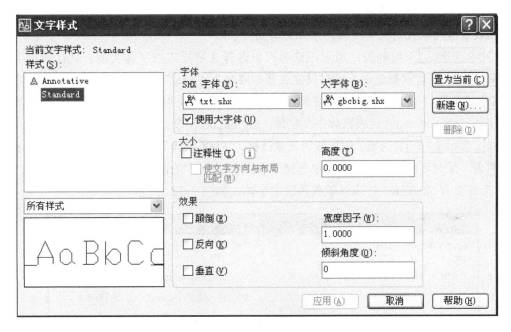

图 2-119　"文字样式"对话框

在"文字样式"对话框中，各选项组的意义如下。

（1）"按钮区"选项组

在"文字样式"对话框的右侧和下方有若干按钮，它们用来对文字样式进行最基本的管理操作。

◎ 置为当前(C)：将在"样式"列表中选择的文字样式设置为当前文字样式。

◎ 新建(N)...：该按钮是用来创建新字体样式的。单击该按钮，弹出"新建文字样式"对话框，如图 2-120 所示。在该对话框的编辑框中输入用户所需要的样式名，单击 确定 按钮，返回到"新建文字样式"对话框，在对话框中对新命名的文字进行设置。

图 2-120 "新建文字样式"对话框

◎ 删除(D)：该按钮是用来删除在"样式"列表区选择的文字样式，但不能删除当前文字样式，以及已经用于图形中文字的文字样式。

◎ 应用(A)：在修改了文字样式的某些参数后，该按钮变为有效。单击该按钮，可使设置生效，并将所选文字样式设置为当前文字样式。此时 取消 按钮将变为 关闭(C) 按钮。

（2）"字体设置"选项组

该设置区用来设置文字样式的字体类型及大小。

◎ SHX 字体(X)：下拉列表：通过该选项可以选择文字样式的字体类型。默认情况下，☑ 使用大字体(U) 复选框被选中，此时只能选择扩展名为".shx"的字体文件。

◎ 大字体(B)：下拉列表：选择为亚洲语言设计的大字体文件，例如，gbcbig.txt 代表简体中文字体，chineseset.txt 代表繁体中文字体，bigfont.txt 代表日文字体等。

◎ □ 使用大字体(U) 复选框：如果取消该复选框，"SHX 字体"下拉列表将变为"字体名"下拉列表，此时可以在其下拉列表中选择".shx"字体或"TrueType 字体"（字体名称前有" T "标志），如宋体、仿宋体等各种汉宁字体，如图 2-121 所示。

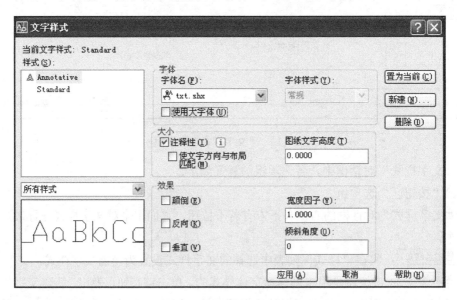

图 2-121 选择 TrueType 字体

（3）"大小"设置选项组

◎ 高度(T) 编辑框：设置文字样式的默认高度，其默认值为 0。如果该数值为 0，则在创建单行文字时，必须设置文字高度；而在创建多行文字或作为标注文本样式时，文字的默认高度均被设置为2.5，用户可以根据实际情况进行修改。如果该数值不为0，无论是创建单行、多行文字，还是作为标注文本样式，该数值将被作为文字的默认高度。

◎ □注释性(I) ⅰ 复选框：如果选中该复选框，表示使用此文字样式创建的文字支持使用注释比例，此时"高度"编辑框将变为"图纸文字高度"编辑框，如图2-122所示。

图2-122 "注释性"复选框的意义

（4）"效果"设置选项组

"效果"设置用来设置文字样式的外观效果如图2-123所示。

◎ □颠倒(E)：颠倒显示字符，也就是通常所说的"大头向下"。

◎ □反向(K)：反向显示字符。

◎ □垂直(V)：字体垂直书写，该选项只有在选择".shx"字体时才可使用。

◎ 宽度因子(W)：在不改变字符高度情况下，控制字符的宽度。宽度比例小于1，字的宽度被压缩，此时可制作瘦高字；宽度比例大于1，字的宽度被扩展，此时可制作扁平字。

◎ 倾斜角度(O)：控制文字的倾斜角度，用来制作斜体字。

注意：设置文字倾斜角 α 的取值范围是：$-85°\leq\alpha\leq85°$。

（a）正常效果 （b）颠倒效果

（c）反向效果 （d）倾斜效果

（e）宽度为0.5 （f）宽度为1 （g）宽度为2

图2-123 各种文字的效果

（5）"预览"显示区

在"预览"显示区，随着字体的改变和效果的修改，动态显示文字样例如图2-124所示。

图 2-124 "预览"显示

2．选择文字样式

在图形文件中输入文字的样式是根据当前使用的文字样式决定的。将某一个文字样式设置为当前文字样式有两种方法：

（1）使用"文字样式"对话框

打开"文字样式"对话框，在"样式名"选项的下拉列表中选择要使用的文字样式，单击 关闭 按钮，关闭对话框，完成文字样式的选择，如图 2-125 所示。

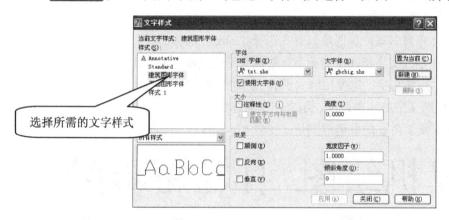

图 2-125 使用"文字样式"对话框选择文字样式

（2）使用"样式"工具栏

在"样式"工具栏中的"文字样式管理器"选项的下拉列表中选择需要的文字样式即可，如图 2-126 所示。

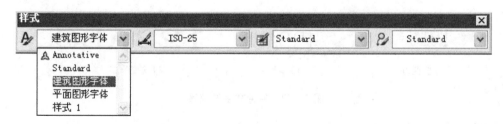

图 2-126 选择需要的文字样式

3．创建单行文字

调用"单行文字"命令有以下两种方式。

★选择"绘图"→"文字"→"单行文字"菜单命令。

★输入命令：Text 或 Dtext。

◎ "指定文字的起点"：该选项为默认选项，输入或拾取注写文字的起点位置。

◎ "对正（J）":该选项用于确定文本的对齐方式。在 AutoCAD 系统中，确定文本位置采用 4 条线，即顶线、中线、基线和底线，如图 2-127 所示。

图 2-127　文本排列位置的基准线

各项基点的位置如图 2-128 所示。

图 2-128　各项基点的位置

4. 输入特殊字符

创建单行文字时，用户还可以在文字中输入特殊字符，例如直径符号Φ、百分号％、正负公差符号±、文字的上画线、下画线等，但是这些特殊符号一般不能由标注键盘直接输入，为此系统提供了专用的代码。每个代码是由％％与一个字符所组成，如％％C、％％D、％％P 等。表 2-2 为用户提供了特殊字符的代码。

表 2-2　特殊字符的代码

输入代码	对应字符	输入效果
％％O	上画线	<u>文字说明</u>
％％U	下画线	<u>文字说明</u>
％％D	度数符号"°"	90°
％％P	公差符号"±"	±100
％％C	圆直径标注符号"Φ"	80
％％％	百分号"％"	98%
\U+2220	角度符号"∠"	∠A
\U+2248	几乎相等"≈"	X≈A
\U+2260	不相等"≠"	A≠B
\U+00B2	上标 2	X2
\U+2082	下标 2	X2

5．创建多行文字

调用"多行文字"命令有以下3种方法。

★选择"绘图"→"文字"→"多行文字"菜单命令。

★单击绘图工具栏上的"多行文字"按钮 **A**。

★输入命令：Mtext。

启动"多行文字"命令后，光标变为如图2-129所示的形式，在绘图窗口中，单击指定一点并向下方拖动鼠标绘制出一个矩形框，如图2-130所示。绘图区内出现的矩形框用于指定多行文字的输入位置与大小，其箭头指示文字书写的方向。

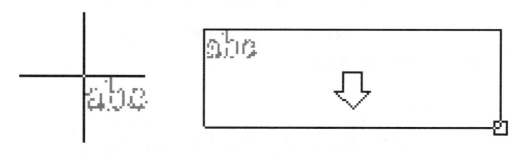

图2-129　光标形状　　　　　　　　图2-130　拖动鼠标过程

拖动鼠标到适当位置后单击，弹出"在位文字编辑器"，它包括一个顶部带标尺的"文字输入"框和"文字格式"工具栏，如图2-131所示。

在"文字输入"框输入需要的文字，当文字达到定义边框的边界时会自动换行排列，如图2-132（a）所示。输入完成后，单击 确定 按钮，此时文字显示在用户指定的位置，如图2-132（b）所示。

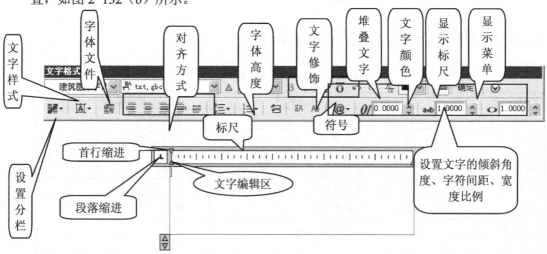

图2-131　在位文字编辑器

AutoCAD中文版实教程

计算机辅助设计

国家中高级绘图员

（a）输入文字　　　　　　　　　　（b）图形文字显示

图 2-132　文字输入

6. 使用文字格式工具栏

用户要编辑文字，一定要清楚工具栏中各种参数的意义。

◎ "文字格式"工具栏控制多行文字对象的文字样式和选定文字的字符格式。

◎ "样式"下拉列表框：单击"样式"下拉列表框右侧的 ▼ 按钮，弹出其下拉列表，从中即可向多行文字对象应用文字样式。

◎ "字体"下拉列表框：单击"字体"下拉列表框右侧的 ▼ 按钮，弹出其下拉列表，从中即可为新输入的文字指定字体或改变选定文字的字体。

◎ "字体高度"下拉列表框：单击"字体高度"下拉列表框右侧的 ▼ 按钮，弹出其下拉列表，从中即可按图形单位设置新文字的字符高度或修改选定文字的高度。

◎ "粗体"按钮 **B**：若用户所选的字体支持粗体，则单击此按钮，为新建文字或选定文字打开和关闭粗体格式。

◎ "斜体"按钮 *I*：若用户所选的字体支持斜体，则单击此按钮，为新建文字或选定文字打开和关闭斜体格式。

◎ "下画线"按钮 **U**：单击"下画线"按钮 **U** 为新建文字或选定文字打开和关闭下画线。

◎ "放弃"按钮 ↶ 与"重做"按钮 ↷：用于在"在位文字编辑器"中放弃和重做操作。

◎ "堆叠"按钮 ：用于创建堆叠文字（选定文字中包含堆叠字符：插入符（^）、正向斜杠（/）和磅符号（#）时），堆叠字符左侧的文字将堆叠在字符右侧的文字之上。如果选定堆叠文字，单击"堆叠"按钮 ，则取消堆叠。

◎ "文字颜色"下拉列表框：用于为新输入的文字指定颜色或修改选定文字的颜色。

◎ "标尺"按钮 ：用于在编辑器顶部显示或隐藏标尺。拖动标尺末尾的箭头可更改多行文字对象的宽度。

◎ "左对齐"按钮 ：用于设置文字边界左对齐。

◎ "居中对齐"按钮 ：用于设置文字边界居中对齐。

◎ "右对齐"按钮 ：用于设置文字边界右对齐。

◎ "对正"按钮 ：用于设置文字对正。

◎ "分布"按钮 ：用于设置文字均匀分布。

◎ "底部"按钮 ：用于设置文字边界底部对齐。

◎ "编号"按钮 ：用于使用编号创建带有句点的列表。

◎ "项目符号" 按钮 ≣▾：用于使用项目符号创建列表。

◎ "插入字段" 按钮 ⬚：单击 "插入字段" 按钮，弹出 "字段" 对话框，如图 2-133 所示。从中可以选择要插入到文字中的字段。关闭该对话框后，字段的当前值将显示在文字中。

◎ "大写" 按钮 ᴬᴬ：用于将选定文字更改为大写。

◎ "小写" 按钮 ᴬᵦ：用于将选定文字更改为小写。

◎ "上画线" 按钮 ⎺0̄：用于将直线放置到选定文字上。

◎ "符号" 按钮 @：用于在光标位置插入符号或不间断空格，单击 @ 按钮，弹出图 2-133 所示 "字段" 对话框，选择最下面 其他(0)... 选项，弹出图 2-134 "字符映射表" 对话框，可选择所需要的符号。

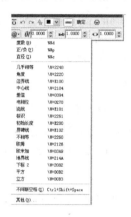

图 2-133   "字段" 对话框   图 2-134   "字符映射表" 对话框

◎ "倾斜角度" 列表框 0/ 0.0000 ：用于确定文字是向右倾斜还是向左倾斜。倾斜角度表示的是相对于 90° 角方向的偏移角度。输入一个 -85° 到 85° 之间的数值使文字倾斜。

◎ "追踪" 列表框 a⋅b 1.0000 ：用于增大或减小选定字符之间的空间。默认值为 1.0 是常规间距。设置值大于 1.0 可以增大该宽度，反之减小该宽度。

◎ "宽度比例" 列表框 a⋅b 1.0000 ：用于扩展或收缩选定字符。默认值为 1.0 设置代表此字体中字母的常规宽度。设置大于 1.0 可以增大该宽度，反之减小该宽度。

7. 双击编辑文字

无论是单行文字还是多行文字，均可直接通过双击来编辑，此时实际上是执行了 DDEDIT 命令，该命令的特点如下。

编辑单行文字时，文字全部被选中，因此，如果此时直接输入文字，则文本原内容均被替换，如图 2-135 所示。如果希望修改文本内容，可首先在文本框中单击。如果希望退出单行文字编辑状态，可在其他位置单击或按 Enter 键。

图 2-135   编辑单行文字

②编辑多行文字时，将打开"文字格式"工具栏和文本框，这和输入多行文字完全相同。

③退出当前文字编辑状态后，可单击编辑其他单行或多行文字。

④如果希望结束编辑命令，可在退出文字编辑状态后按 Enter 键。

8．修改文字特性

要修改单行文字的特性，可在选中文字后单击"标准"工具栏中的"对象特性"按钮，打开单行文字的"特性"面板。利用该面板可修改文字的内容、样式、对正方式、高度、宽度比例、倾斜角度，以及是否颠倒、反向等。

知识点4　尺寸样式

默认情况下，在 AutoCAD 中创建尺寸标注时使用的尺寸标注样式是"ISO-25"，用户可以根据需要创建一种新的尺寸标注样式。

AutoCAD 提供的"标注样式"命令即可用来创建尺寸标注样式。启用"标注样式"命令后，系统将弹出"标注样式"对话框，从中可以创建或调用已有的尺寸标注样式。在创建新的尺寸标注样式时，用户需要设置尺寸标注样式的名称，并选择相应的属性。

1．样式标注功能介绍

启用"标注样式"命令有以下3种方法。

★选择"格式"→"标注样式"菜单命令。

★单击"样式"工具栏中的"标注样式管理器"按钮 。

★输入命令：DIMSTYLE。

启用"标注样式"命令后，系统弹出如图 2-136 所示的"标注样式管理器"对话框，各选项功能如下。

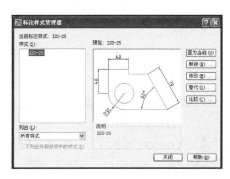

图 2-136　"标注样式管理器"对话框（一）

◎"样式"选项：显示当前图形文件中已定义的所有尺寸标注样式。

◎"预览"选项：显示当前尺寸标注样式设置的各种特征参数的最终效果图。

◎"列出"选项：用于控制在当前图形文件中是否全部显示所有的尺寸标注样式。

◎ 置为当前(U) 按钮：用于设置当前标注样式。对每一种新建立的标注样式或对原式样的修改后，均要置为当前设置才有效。

◎ [新建(N)...] 按钮：用于创建新的标注样式。

◎ [修改(M)...] 按钮：用于修改已有标注样式中的某些尺寸变量。

◎ [替代(O)...] 按钮：用于创建临时的标注样式。当采用临时标注样式标注某一尺寸后，再继续采用原来的标注样式标注其他尺寸时，其标注效果不受临时标注样式的影响。

◎ [比较(C)...] 按钮：用于比较不同标注样式中不相同的尺寸变量，并用列表的形式显示出来。

创建尺寸样式的操作步骤如下。

利用上述任意一种方法启用"标注样式"命令，弹出"标注样式管理器"对话框。在"样式"列表中显示了当前使用图形中已存在的标注样式，如图 2-136 所示。

单击 [新建(N)...] 按钮，弹出"创建新标注样式"对话框。在"新样式名"选项的文本框中输入新的样式名称；在"基础样式"选项的下拉列表中选择新标注样式是基于哪一种标注样式创建的；在"用于"选项的下拉列表中选择标注的应用范围，如应用于所有标注、半径标注、对齐标注等，如图 2-137 所示。

图 2-137　"创建新标注样式"对话框

单击 [继续] 按钮，弹出"新建标注样式"对话框。此时用户即可应用对话框中的 7 个选项卡进行设置，如图 2-138 所示。

单击 [确定] 按钮，即可建立新的标注样式，其名称显示在"标注样式管理器"对话框的"样式"列表下，如图 2-139 所示。

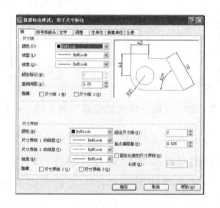

图 2-138　"新建标注样式"对话框

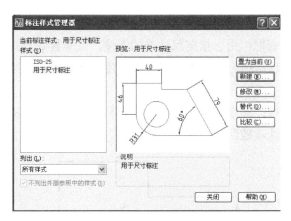

图 2-139 "标注样式管理器"对话框（二）

⑤在"样式"列表内选中刚创建的标注样式，单击 置为当前(U) 按钮，即可将该样式设置为当前使用的标注样式。

⑥单击 关闭 按钮，即可关闭对话框，返回绘图窗口。

2．控制尺寸线和尺寸界线

在前面创建标注样式时，在图 2-138 所示的"新建标注样式"对话框中有 7 个选项卡来设置标注的样式，在"线"选项卡中，可以对尺寸线、尺寸界线进行设置，如图 2-139 所示。

（1）调整尺寸线

在"尺寸线"选项组中可以设置影响尺寸线的一些变量。

◎"颜色"下拉列表框：用于选择尺寸线的颜色。

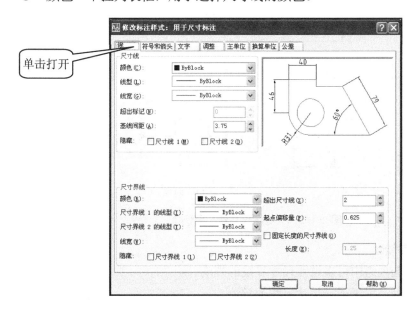

图 2-139 "尺寸线和尺寸界线"直线选项

◎ "线型"下拉列表框：用于选择尺寸线的线型，正常选择为连续直线。

◎ "线宽"下拉列表框：用于指定尺寸线的宽度，线宽建议选择 0.13。

◎ "超出标记"选项：指定当箭头使用倾斜、建筑标记、积分和无标记时尺寸线超过尺寸界线的距离，如图 2-140 所示。

◎ "基线间距"选项：决定平行尺寸线间的距离。例如，创建基线型尺寸标注时，相邻尺寸线间的距离由该选项控制，如图 2-141 所示。

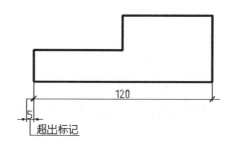

图 2-140 "超出标记"图例

◎ "隐藏"选项：有"尺寸线 1"和"尺寸线 2"两个复选框，用于控制尺寸线两端的可见性，如图 2-142 所示。同时选中两个复选框时将不显示尺寸线。

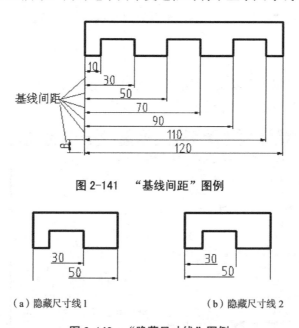

图 2-141 "基线间距"图例

（a）隐藏尺寸线1   （b）隐藏尺寸线 2

图 2-142 "隐藏尺寸线"图例

（2）控制尺寸界线

在"尺寸界线"选项组中可以设置尺寸界线的外观。

◎ "颜色"列表框：用于选择尺寸界线的颜色。

◎ "尺寸界线 1 的线型"下拉列表：用于指定第一条尺寸界线的线型，正常设置为连续线。

◎"尺寸界线2的线型"下拉列表：用于指定第二条尺寸界线的线型，正常设置为连续线。

◎"线宽"列表框：用于指定尺寸界线的宽度，建议设置为0.13。

◎"隐藏"选项：有"尺寸界线1"和"尺寸界线2"两个复选框，用于控制两条尺寸界线的可见性，如图2-143所示；当尺寸界线与图形轮廓线发生重合或与其他对象发生干涉时，可选择隐藏尺寸界线。

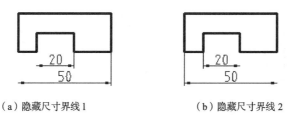

（a）隐藏尺寸界线1　　　　　　（b）隐藏尺寸界线2

图2-143　"隐藏尺寸界线"图例

◎"超出尺寸线"选项：用于控制尺寸界线超出尺寸线的距离，如图2-144所示，通常规定尺寸界线的超出尺寸为2～3mm，使用1∶1的比例绘制图形时，设置此选项为2或3。

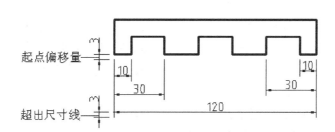

图2-144　"超出尺寸线和起点偏移量"图例

◎"起点偏移量"选项：用于设置自图形中定义标注的点到尺寸界线的偏移距离，如图2-144所示。通常尺寸界线与标注对象间有一定的距离，能够较容易地区分尺寸标注和被标注对象。

◎"固定长度的尺寸界线"复选框：用于指定尺寸界线从尺寸线开始到标注原点的总长度。

3．控制符号和箭头

在"符号和箭头"选项卡中，可以对箭头、圆心标记、弧长符号和折弯半径标注的格式和位置进行设置，如图2-145所示。下面分别对箭头、圆心标记、弧长符号和半径标注、折弯的设置方法进行详细的介绍。

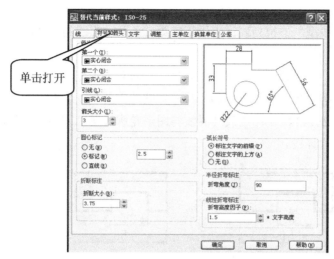

图 2-145　"符号和箭头"选项卡

（1）箭头的使用

在"箭头"选项组中提供了对尺寸箭头的控制选项。

◎ "第一个"下拉列表框：用于设置第一条尺寸线的箭头样式。

◎ "第二个"下拉列表框：用于设置第二条尺寸线的箭头样式。当改变第一个箭头的类型时，第二个箭头将自动改变以同第一个箭头相匹配。

AutoCAD 提供了 19 种标准的箭头类型，其中设置有建筑制图专用箭头类型，如图 2-146 所示，可以通过滚动条来进行选取。要指定用户定义的箭头块，可以选择"用户箭头"命令，弹出"选择自定义箭头块"对话框，选择用户定义的箭头块的名称，如图 2-147 所示，单击 确定 按钮即可。

◎ "引线"下拉列表框：用于设置引线标注时的箭头样式。

◎ "箭头大小"选项：用于设置箭头的大小。

图 2-146　"19 种标准的箭头"类型

图 2-147　选择自定义箭头块

（2）设置圆心标记及圆中心线

在"圆心标记"选项组中提供了对圆心标记的控制选项。该选项组提供了"无"、"标记"和"直线"3 个单选项，可以设置圆心标记或画中心线，效果如图 2-148 所示。

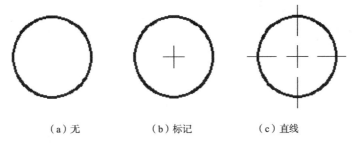

（a）无　　　　（b）标记　　　　（c）直线

图 2-148　"圆心标记"选项

◎"大小"文本框：用于设置圆心标记或中心线的大小。

（3）设置弧长符号

在"弧长符号"选项组中提供了弧长标注中圆弧符号的显示控制选项。

◎"标注文字的前缀"单选项：用于将弧长符号放在标注文字的前面。

◎"标注文字的上方"单选项：用于将弧长符号放在标注文字的上方。

◎"无"单选项：用于不显示弧长符号。三种不同方式显示如图 2-149 所示。

（a）标注文字的前缀　　（b）标注文字的上方　　（c）无

图 2-149　"弧长符号"选项

（4）设置半径标注折弯

在"半径标注折弯"选项组中提供了折弯（Z 字形）半径标注的显示控制选项。

◎"折弯角度"数值框：确定用于连接半径标注的尺寸界线和尺寸线的横向直线的角度，如图 2-150 所示折弯角度为 45°。

图 2-150　"折弯角度"数值

4．控制标注文字外观和位置

在"新建标注样式"对话框的"文字"选项卡中，可以对标注文字的外观和文字的位置进行设置，如图 2-151 所示。下面对文字的外观和位置的设置进行详细的介绍。

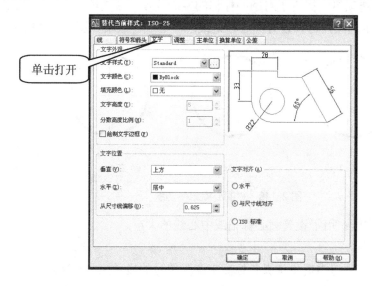

图 2-151　"文字"选项卡

（1）文字外观

在"文字外观"选项组中可以设置控制标注文字的格式和大小。

◎"文字样式"下拉列表框：用于选择标注文字所用的文字样式。如果需要重新创建文字样式，可以单击右侧的按钮，弹出"文字样式"对话框，创建新的文字样式即可。

◎"文字颜色"下拉列表框：用于设置标注文字的颜色。

◎"填充颜色"下拉列表框：用于设置标注中文字背景的颜色。

◎"文字高度"数值框：用于指定当前标注文字样式的高度。若在当前使用的文字样式中设置了文字的高度，此项输入的数值无效。

◎"分数高度比例"数值框：用于指定分数形式字符与其他字符之间的比例。只有在选择支持分数的标注格式时，才可进行设置。

◎"绘制文字边框"复选框：用于给标注文字添加一个矩形边框。

（2）文字位置

在"文字位置"选项组中，可以设置控制标注文字的位置。

"垂直"下拉列表框包含"居中"、"上方"、"外部"和"JIS"4 个选项，用于控制标注文字相对尺寸线的垂直位置。选择某项时，在对话框的预览框中可以观察到标注文字的变化，如图2-152所示。

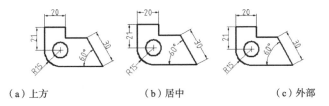

（a）上方　　　　　（b）居中　　　　　（c）外部

图2-152　"垂直"下拉列表框三种情况

◎ "居中"选项：将标注文字放在尺寸线的两部分中间。

◎ "上方"选项：将标注文字放在尺寸线上方。

◎ "外部"选项：将标注文字放在尺寸线上离标注对象较远的一边。

◎ "JIS"选项：按照日本工业标准"JIS"放置标注文字。

在"水平"下拉列表框：包含"居中"、"第一条尺寸界线"、"第二条尺寸界线"、"第一条尺寸界线上方"和"第二条尺寸界线上方"5个选项，用于控制标注文字相对于尺寸线和尺寸界线的水平位置。

◎ "居中"选项：把标注文字沿尺寸线放在两条尺寸界线的中间。

◎ "第一条尺寸界线"选项：沿尺寸线与第一条尺寸界线左对正。

◎ "第二条尺寸界线"选项：沿尺寸线与第二条尺寸界线右对正。尺寸界线与标注文字的距离是箭头大小加上文字间距之和的两倍，如图2-153所示。

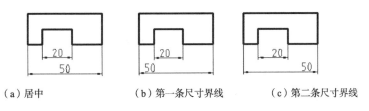

（a）居中　　　　（b）第一条尺寸界线　　　　（c）第二条尺寸界线

图2-153　"水平"下拉框的三种情况

◎ "第一条尺寸界线上方"选项：沿着第一条尺寸界线放置标注文字或把标注文字放在第一条尺寸界线之上。

◎ "第二条尺寸界线上方"选项：沿着第二条尺寸界线放置标注文字或把标注文字放在第二条尺寸界线之上，如图2-154所示。

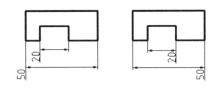

（a）第一条尺寸界线上方　　　（b）第二条尺寸界线上方

图2-154　"水平"下拉框的两种情况

"从尺寸线偏移"数值框用于设置当前文字与尺寸线之间的间距，如图 2-155 所示。AutoCAD 也将该值用做尺寸线线段所需的最小长度。

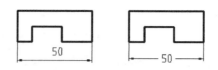

（a）对齐从尺寸线偏移 1　　（b）水平从尺寸线偏移 2

图 2-155　"从尺寸线偏移"图例

5．调整箭头、标注文字及尺寸线间的位置关系

在"新建标注样式"对话框的调整选项卡中，可以对标注文字、箭头、尺寸界线之间的位置关系进行设置，如图 2-156 所示。下面对箭头标注文字及尺寸界线间位置关系的设置进行详细的说明。

图 2-156　"调整"选项卡

（1）调整选项

调整选项主要用于控制基于尺寸界线之间可用空间的文字和箭头的位置，如图 2-157 所示。

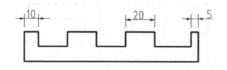

图 2-157　"放置文字和箭头"效果

（2）调整文字在尺寸线上的位置

在"调整"选项卡中,"文字位置"选项用于设置标注文字从默认位置移动时,标注文字的位置,显示效果如图 2-158 所示。

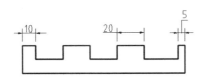

图 2-158 调整文字在尺寸线上的位置

（3）标注特征比例

在"调整"选项卡中,"标注特征比例"选项组用于设置全局标注比例值或图纸空间比例。

6. 设置文字的主单位

在"新建标注样式"对话框的"主单位"选项卡中,可以设置主标注单位的格式和精度,并设置标注文字的前缀和后缀,如图 2-159 所示。

图 2-159 "主单位"选项卡

7. 设置不同单位尺寸间的换算格式及精度

在"新建标注样式"对话框的"换算单位"选项卡中,选择"显示换算单位"复选框,当前对话框变为可设置状态。此选项卡中的选项可用于设置文件的标注测量值中换算单位的显示并设置其格式和精度,如图 2-160 所示。

图 2-160 "换算单位"选项卡

8. 设置尺寸公差

在"新建标注样式"对话框的"公差"选项卡中，可以设置标注文字中公差的格式及显示，如图 2-161 所示。

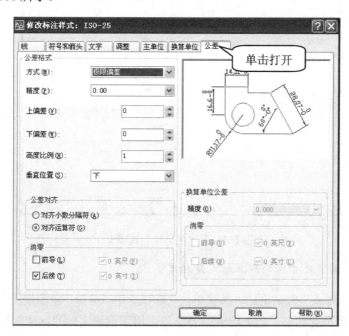

图 2-161 "公差"选项卡

知识点5 表格

利用 AutoCAD 的表格功能，可以方便、快速地绘制图纸所需的表格，如明细表、标题栏等。在本节中，通过创建图 2-162 所示表格来说明在 AutoCAD 中创建表格的方法。该表格的列宽为 25，表格中字体为宋体，字号为 4.5 号。

1．创建和修改表格样式

在绘制表格之前，用户需要启用"表格样式"命令来设置表格的样式。表格样式用于控制表格单元的填充颜色、内容对齐方式、数据格式，表格文本的文字样式、高度、颜色，以及表格边框等。

姓名	考号	数学	物理	化学
杨军	1036	97	92	68
李杰	1045	88	79	74
王东鹤	1021	64	83	82
吴天	1062	75	96	86
王群	1013	93	85	72
小计		417	435	382

图 2-162 表格示例

①启用"表格样式"命令有以下 3 种方法。

★选择"格式"→"表格样式"菜单命令。

★单击"样式"工具栏中的"表格样式管理器"按钮 ▦。

★输入命令：TABLESTYLE。

启用"表格样式"命令后，系统将弹出"表格样式"对话框，如图 2-163 所示。

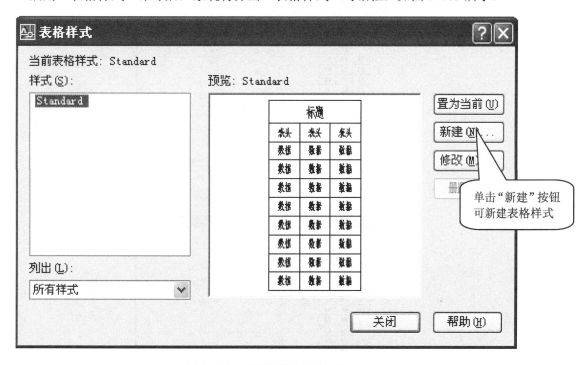

图 2-163 "表格样式"对话框

②单击 [修改(M)...] 按钮，打开图 2-164 所示"修改表格样式"对话框。打开"基本"设置区中的"对齐"下拉列表，选择"正中"，如图 2-165 所示。

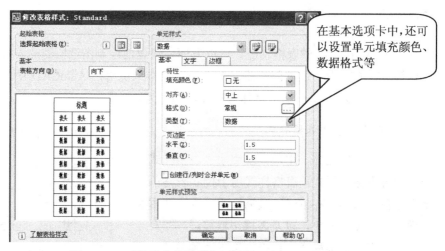

图 2-164 "修改表格样式"对话框

③打开对话框右侧的"文字"选项卡，设置"文字高度"为 4.5，如图 2-166 所示。

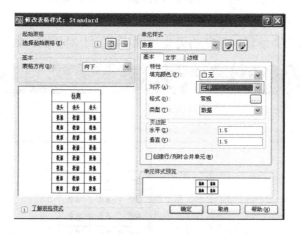

图 2-165 设置单元格内容对齐方式

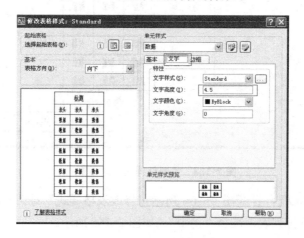

图 2-166 设置文字高度

④单击"文字样式"下拉列表框右侧的 ⬚ 按钮，打开"文字样式"对话框。取消"大字体"复选框，将"字体名"设置为"宋体"，如图 2-167 所示。依次单击 应用(A) 和 关闭(C) 按钮，关闭"文字样式"对话框。

图 2-167　修改文字样式字体

⑤单击 确定 按钮，关闭"修改表格样式"对话框。单击 关闭(C) 按钮，关闭"表格样式"对话框。

2．创建表格

创建表格时，可设置表格的表格样式，表格列数、列宽、行数、行高等。创建结束后系统自动进入表格内容编辑状态，下面一起来看看其具体操作。

①单击"绘图"工具栏中的"表格"工具 ⊞ 或选择"绘图"→"表格"菜单，打开"插入表格"对话框。

②在"列和行设置"区设置表格"列"数为 5，"列宽"为 25，"数据行"数为 5（默认"行高"为 1 行）；在"设置单元样式"设置区依次打开 "第一行单元样式"和"第二行单元样式"下拉列表，从中选择"数据"，将标题行和表头行均设置为"数据"类型（表示表格中不含标题行和表头行），如图 2-168 所示。

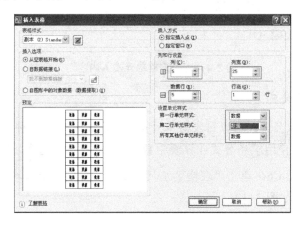

图 2-168　设置表格参数

③单击 确定 按钮，关闭"插入表格"对话框。在绘图区域单击，确定表格放置位置，此时系统将自动打开"文字格式"工具栏，并进入表格内容编辑状态，如图 2-169 所示。如果表格尺寸较小，无法看到编辑效果时，可首先在表格外空白区单击，暂时退出表格内容编辑状态，然后放大表格显示即可。

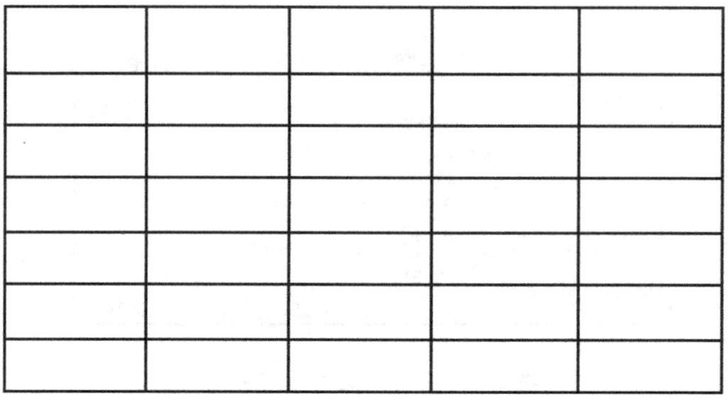

图 2-169　在绘图区域单击放置表格

④在表格左上角单元中双击，重新进入表格内容编辑状态，然后输入"姓名"等文本内容，通过 Tab 键切换到同行的下一个单元，Enter 键切换同一列的下一个表单元，或↑、↓、←、→方向键在各表单元之间切换，为表格的其他单元输入内容，如图 2-170 所示，编辑结束后，在表格外单击或者按 Esc 键退出表格编辑状态。

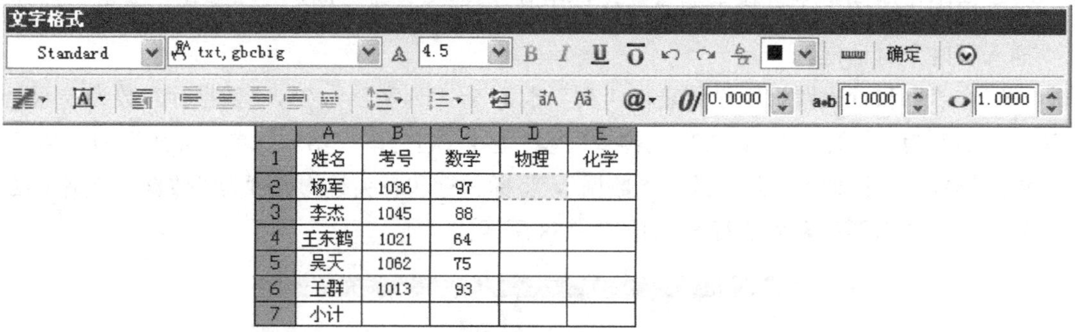

图 2-170　为表格单元输入内容

3．在表格中使用公式

通过在表格中插入公式，可以对表格单元执行求和、均值等各种运算。例如，要在如图 2-163 所示表格中，使用求和公式计算表中数学、物理和化学之和，具体操作步骤如下。

①单击选中表单元 C6，单击"表格"工具栏中的"公式" fx 按钮，从弹出的公式列表中选择"求和"，如图 2-171 所示。

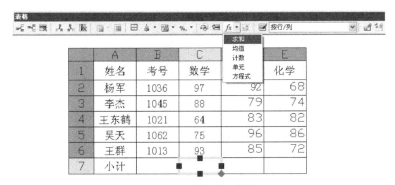

图 2-171 执行求和操作

②分别在 C2 和 C6 表单元中单击，确定选取表单元范围的第一个角点和第二个角点，显示并进入公式编辑状态，如图 2-172 和图 2-173 所示。

	A	B	C	D	E
1	姓名	考号	数学	物理	化学
2	杨军	1036	97	92	68
3	李杰	1045	88	79	74
4	王东鹤	1021	64	83	82
5	吴天	1062	75	96	86
6	王群	1013	93	85	72
7	小计				

图 2-172 选择要求和的表单元

	A	B	C	D	E
1	姓名	考号	数学	物理	化学
2	杨军	1036	97	92	68
3	李杰	1045	88	79	74
4	王东鹤	1021	64	83	82
5	吴天	1062	75	96	86
6	王群	1013	93	85	72
7	小计		=Sum(C2:C6)		

图 2-173 进入公式编辑状态

③单击"文字格式"工具栏中的 确定 按钮，求和结果如图 2-174 所示。依据类似方法，对其他表单元进行求和。

姓名	考号	数学	物理	化学
杨军	1036	97	92	68
李杰	1045	88	79	74
王东鹤	1021	64	83	82
吴天	1062	75	96	86
王群	1013	93	85	72
小计		417		

姓名	考号	数学	物理	化学
杨军	1036	97	92	68
李杰	1045	88	79	74
王东鹤	1021	64	83	82
吴天	1062	75	96	86
王群	1013	93	85	72
小计		417	435	382

图 2-174 显示求和结果

4．编辑表格

在 AutoCAD 中，用户可以方便地编辑表格内容，合并表单元，以及调整表单元的行高与列宽等。

（1）选择表格与表单元

要调整表格外观，例如，合并表单元，插入或删除行或列，应首先掌握如何选择表格或表单元，具体方法如下：

①要选择整个表格，可直接单击表线，或利用选择窗口选择整个表格。表格被选中后，表格框线将显示为断续线，并显示了一组夹点，如图 2-175 所示。

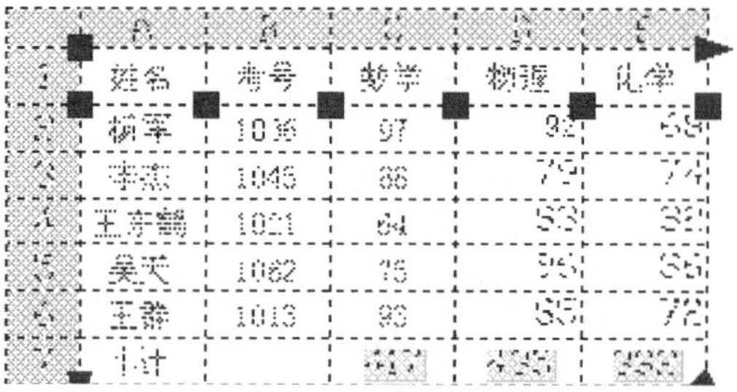

图 2-175　选择表格

②要选择一个表单元，可直接在该表单元中单击，此时将在所选表单元四周显示夹点，如图 2-176 所示。

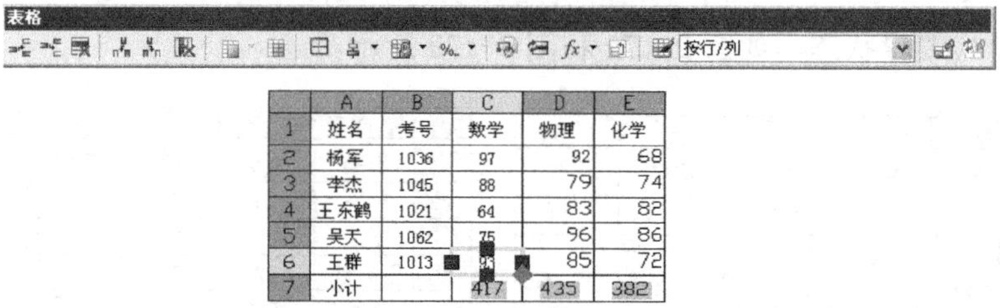

图 2-176　选择表单元

③要选择表单元区域，可首先在表单元区域的左上角表单元中单击，然后向表单元区域的右下角表单元中拖动，则释放鼠标后，选择框所包含或与选择框相交的表单元均被选中，如图 2-177 所示。此外，在单击选中表单元区域中某个角点的表单元后，按住 Shift 键，在表单元区域中所选表单元的对角表单元中单击，也可选中表单元区域。

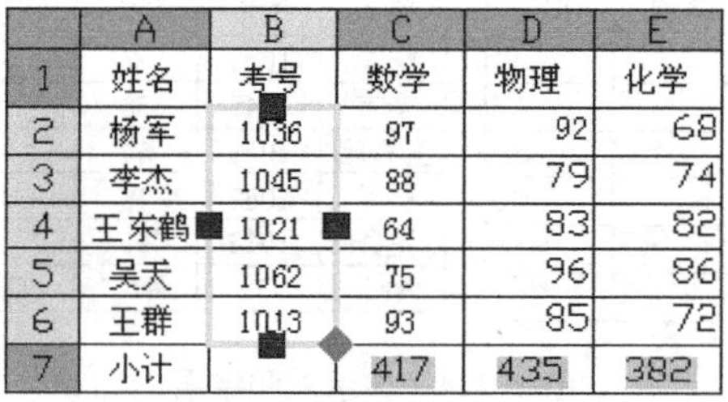

图 2-177　选择表单元区域

④要取消表单元选择状态，可按 Esc 键，或者直接在表格外单击。

（2）编辑表格内容

要编辑表格内容，只需鼠标双击表单元进入文字编辑状态即可。要删除表单元中的内容，可首先选中表单元，然后按 Delete 键。

5．调整表格的行高与列宽

选中表格、表单元或表单元区域后，通过拖动不同夹点可移动表格的位置，或者调整表格的行高与列宽，这些夹点的功能如图 2-178 所示。

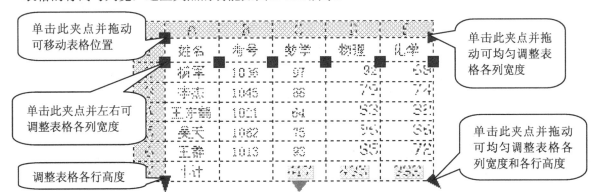

图 2-178 表格各夹点的不同用途

6. 利用"表格"工具栏编辑表格

在选中表单元或表单元区域后，"表格"工具栏被自动打开，通过单击其中的按钮，可对表格插入或删除行或列，以及合并单元、取消单元合并、调整单元边框等。例如，要调整表格外边框，可执行如下操作。

（1）表格边框的编辑

①单击选择表格中的左上角表单元，然后按住 Shift 键，在表格右下角表单元自单击，从而选中所有表单元，如图 2-179 所示。

②单击"表格"工具栏中的"单元边框"按钮 ⊞，打开图 2-180 所示"单元边框特性"对话框。

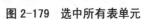

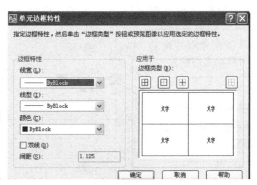

图 2-179　选中所有表单元 　　　　图 2-180　"单元边框特性"对话框

③在"边框特性"设置区中打开"线宽"下拉列表,设置"线宽"为 0.3,在"应用于"设置区中单击"外边框"按钮回,如图 2-181 所示。

④单击 确定 按钮,按 Esc 键退出表格编辑状态。单击状态栏上的 线宽 按钮以显示线宽,结果如图 2-182 所示。

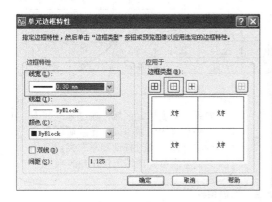

图 2-181　设置线宽和应用范围 　　　　图 2-182　调整表格外边框线宽

（2）合并表格

①用鼠标左键选定 A1、B2 区域,系统弹出如图 2-183 所示对话框。

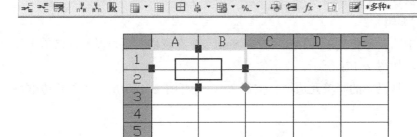

图 2-183　选定要合并的单元格

②单击表格工具栏上 按钮,选择"全部",表格合并完成,如图 2-184 所示。

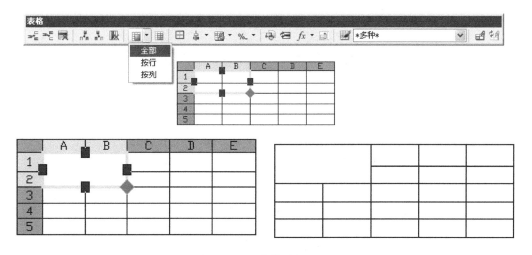

图 2-184　合并过程显示

1.样板文件的建立

第1步：设置绘图环境。

（1）创建新图形文件。单击"快速访问"工具栏 "新建"按钮 ![](），弹出如图 2-185 所示"选择样板"对话框。选择"acadiso.dwt" 样板文件，单击" 打开⑩ "按钮，以此 为基础建立样板文件。

图 2-185　"选择样板"对话框

（2）设置绘图单位。单击"格式"菜单→"单位"，弹出如图 2-186 所示"图形单位" 对话框。设置长度"类型"为"小数"，"精度"为"0.000"。设置角度"类型"为"十进 制度数"，"精度"为"0"。

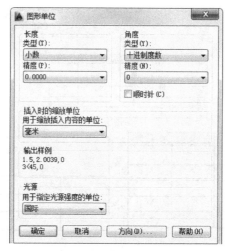

图 2-186　设置图形单位

（3）设置 A4 图形界限。单击"格式"菜单→"图形界限"（或在命令行输入"LIMITS"，按回车键），根据命令行提示，指定左下角点为（0，0），右上角点为是（297，210）。

（4）使绘图界限充满显示区。键入"ZOOM"，按回车键，输入"A"，按回车键。

第 2 步：设置图层。

创建粗实线、细实线、点画线、尺寸线、文字等 7 个常用图层，其要求、各参数设置及创建方法已在前面任务中讲述，在此不再赘述。

第 3 步：设置文字样式。

创建"工程字"、"长仿宋字"两种文字样式。"工程字"样式选用"gbenor.shx"字体及"gbcbig.shx"大字体，如图 2-187 所示；"长仿宋字"样式选用"字体名"为"仿宋"字体，"宽度因子"为 0.7，如图 2-188 所示。

图 2-187　设置工程字

图 2-188　设置长仿宋体

第 4 步：设置尺寸标注样式。

创建"机械标注"尺寸标注样式，该标注样式包含"角度"、"半径"和"直径" 3 个字样式，其要求、各参数设置如表 2-3、表 2-4 所示。

表 2-3　"机械标注"样式父样式变量设置一览表

选项卡	选项组	选项名称	变量值
线	尺寸线	基线间距	8
	尺寸界线	超出尺寸线	2
		起点偏移量	0
箭头	箭头	第一个	实心闭合
		第二个	实心闭合
		引线	实心闭合
		箭头大小	2.5
	半径标注折弯	折弯角度	45
文字	文字外观	文字样式	工程字
	文字位置	文字高度	3.5
		垂直	上
		水平	居中
		观察方向	从左到右
		从尺寸线偏移	1
	文字对齐	与尺寸线对齐	选中
调整	调整选项	文字或箭头（最佳效果）	选中
主单位	线性标注	单位格式	小数
		精度	0.00
		小数分隔符	句点
	角度标注	单位格式	十进制度数
		精度	0

表 2-4　"机械标注"样式子样式变量设置一览表

名称	选项卡	选项组	选项名称	变量值
角度	文字	文字位置	垂直	上
			水平	居中
		文字对齐	水平	选中
直径/半径	文字	文字对齐	ISO 标准	选中
	调整	调整选项	文字	居中

第 5 步：绘制图框。

本例绘制 A3 图框，横装，留装订边，其尺寸如图 2-189 所示。

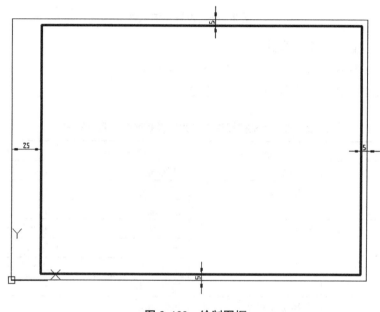

图 2-189　绘制图框

第 6 步：绘制标题栏。

新建"标题栏"表格样式，采用"插入表格"方式插入如图 2-190 所示的简化标题栏，其操作步骤如下。

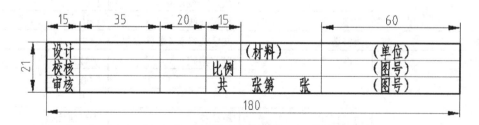

图 2-190　简化标题栏

（1）创建"标题栏"表格样式。在"常规"选项卡中设置如图 2-191 所示。

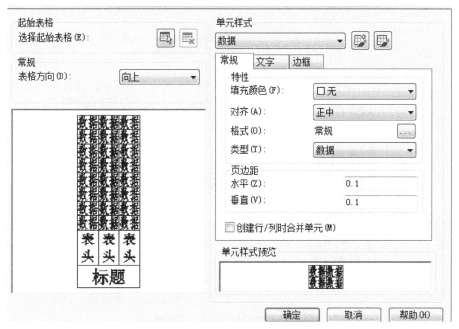

图 2-191　设置"常规"选项卡

在"文字"选项卡中设置如图 2-192 所示。

图 2-192　设置"文字"选项卡

在"边框"选项卡中设置如图 2-193 所示。

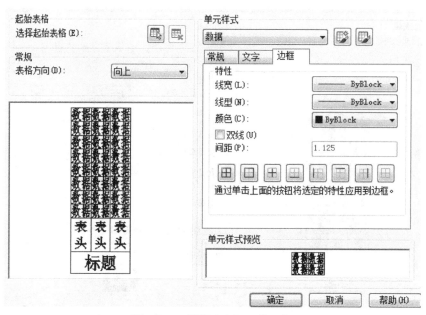

图 2-193　设置"边框"选项卡

最后将其置为当前，并关闭"创建表格样式"对话框。

（2）插入"标题栏"表格。

在"绘图"命令中调用"表格"，弹出"插入表格"对话框，各参数设置如图 2-194 所示。

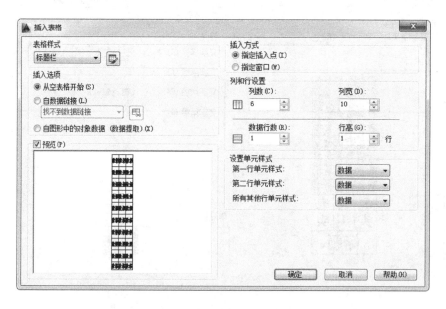

图 2-194　"插入表格"对话框

最后，单击 确定 按钮，在图框中找到合适插入点，完成插入。

（3）依照图 2-190 标注的尺寸修改表格行高、列宽、合并单元格。选中单元格后，右击，在弹出的快捷菜单中选择"特性"，在"特性"选项板中更改"单元高度"和"单元宽度"。

（4）输入文字。完成样板文件的绘制。效果图如图 2-195 所示。

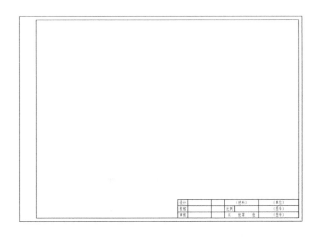

图 2-195　标题栏

第 7 步：保存为样板文件。

（1）单击"快速访问"工具栏中的"另存为"按钮，弹出"图形另存为"对话框，如图 2-196 所示。在"文件类型"下拉列表框中选择"AutoCAD 图形样板（* .dwt）"，输入文件名为"机械样板文件（A4 横装）"。

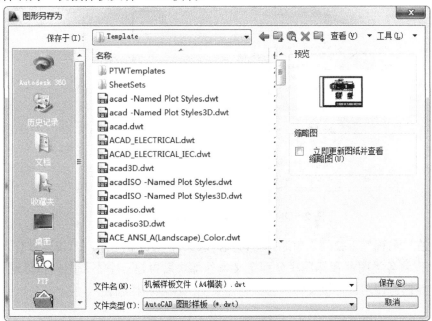

图 2-196　"图形另存为"对话框

（2）单击"　保存(S)　"，弹出如图 2-197 所示"样板选项"对话框。在"说明"中输入"国际横装机械样板图",单击 确定 按钮,完成样板文件的建立。

图 2-197 "样板选项"对话框

2. 样板文件的调用

样板文件建好后,每次绘图都可以调用样板文件来绘制新图。

第 1 步:单击"快速访问"工具栏中的"新建"按钮,弹出"选择样板"对话框,如图 2-198 所示。

图 2-198 "选择样板"对话框

第 2 步:在"名称"下拉列表中选择"机械样板文件(A3 横装)",双击即可打开。

用户也可以将各类图框和标题栏分别定义为外部块后再建一个不带图框和标题栏的样板文件,使用时先调用该样板文件,再根据需要插入图框和标题栏。

拓展任务

依据所学有关圆、圆弧、图案填充的知识，完成图 2-199 所示的图形。

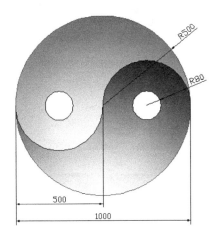

图 2-199 练习图

实践项目篇：绘制典型机械零件图

项目三　绘制典型机械零件图

　　任务一　绘制传动轴零件图

　　任务二　绘制盘类零件

　　任务三　绘制箱体类零件

项目三　绘制典型机械零件图

本项目主要学习典型机械零件——轴类零件、盘类零件和箱体类零件的识读方法与绘图技巧。

轴类零件在机械中主要起联接和传动作用，相对来说比其他零件要求要高一些，如它的尺寸精度、表面粗糙度、配合等。轴类零件根据其结构特点和主要工序的加工位置情况，一般选择轴线水平放置，因此可用一个基本视图——主视图来表达它的整体结构形状。

盘类零件多用于机箱的上盖位置处，主要起保护作用。这类零件大多以圆形结构为主，因此在绘制时，在确定了圆心点后，直接创建相应的圆弧轮廓再进行修剪等，即可创建所需的平面图形效果。

箱体类零件是机器或部件中的主要零件，在制造业中常见的箱体类零件有泵体、阀体等。箱体类零件的结构复杂，它在传动机械中主要是容纳和支撑传动件，又是保护机器中其他零件的外壳，以利于安全生产。

任务一　绘制传动轴零件图

- 了解并掌握轴类零件的结构特点和表述方式。
- 学会轴类零件的尺寸标注和技术要求的标注。

任务提出

绘制如图 3-1 所示的传动轴。在前面创建的 A4 横装样板图中完成绘制任务，共由三个视图组成：一个主视图，两个断面图。本图的完成重点在于极限尺寸、形位公差和表面粗糙度标注。

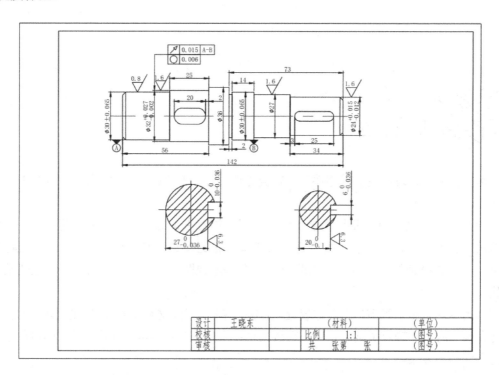

图 3-1　传动轴

相关知识

知识点 1　轴类零件的识读方法

1．分析形体、想象零件的结构形状

这一步是看零件图的重要环节。先从主视图出发，联系其他视图，利用投影关系进行分析。一般采用形体分析法逐个弄清零件各部分的结构形状。对某些难看懂的结构，可运用线面分析法进行投影分析，彻底弄清它们的结构形状和相互位置关系，最后想象出整个零件的结构形状。

2．分析尺寸

先找出零件长、宽、高三个方向的尺寸基准，然后从基准出发，搞清楚哪些是主要尺寸。再用形体分析法找出各部分的定形尺寸和定位尺寸。在分析中要注意检查是否有多余的尺寸和遗漏的尺寸，并检查尺寸是否符合设计和工艺要求。

3．分析技术要求

分析零件的尺寸公差、形位公差、表面粗糙度和其他技术要求，弄清楚零件的哪些尺寸要求高，哪些尺寸要求低，哪些表面要求高，哪些表面要求低，哪些表面不加工，以便进一步考虑相应的加工方法。

知识点 2　轴类零件的结构特点

轴类零件大多数由位于同一轴线上数段直径不同的回转体组成，其轴向尺寸一般比径向尺寸大。这类零件上常有键槽、销孔、螺纹、退刀槽、越程槽、中心孔、油槽、倒角、圆角、锥度等结构。

知识点 3　轴类零件图视图表达方法的选用

轴类零件一般在车床和磨床上加工，为便于操作人员对照图样进行加工，通常选择垂直于轴线的方向作为主视图的投射方向。按加工位置原则选择主视图的位置，即将轴类零件的轴线水平放置。

一般只用一个完整的基本视图（即主视图）即可把轴上各回转体的相对位置和主要形状表示清楚。

常用局部视图、局部剖视图、断面图、局部放大图等补充表达主视图中尚未表达清楚的部分。

对于形状简单而轴向尺寸较长的部分常断开后缩短绘制。

知识点 4　剖视图的画法

1．剖视图

假想用一个剖切面把机件分开，移去观察者和剖切面之间的部分，将余下的部分向投影面投影，所得到的图形称为剖视图，简称剖视。剖切面与机件接触的部分，称为断面，在断面图形上应画出剖图符号。不同的材料采用不同的剖图符号。一般机械零件是金属，采用 45°的间隔均匀斜线。

因为剖切是假想的，虽然机件的某个视图画成剖视图，而机件仍是完整的。所以其他图形的表达方案应按完整的机件考虑。

2．画剖视图的方法和步骤

（1）画出机件的外部轮廓线。

（2）确定剖切平面的位置，画出断面的图形，断面部分用剖面符号（45°细斜线）表示。

（3）保留断面后的可见轮廓线，在视图表达清楚的情况下可删除不可见轮廓线。

（4）标出剖切平面的位置和剖视图的名称。

3．几种常用的剖视图

按剖切的范围分，剖视图可分为全剖视图、半剖视图和局部剖视图三类。

（1）全剖视图。用剖切平面把机件全部剖开所得的剖视图称为全剖视图。全剖视图主要使用于内部复杂的不对称的机件或外形简单的回转体。

（2）半剖视图。当机件具有对称平面时，在垂直于对称平面的投影面上的投影，可以以对称中心线为界，一半画剖视，一半画视图，这样的图形称为半剖视图。

（3）局部剖视图。用剖切平面剖开机件的一部分，以显示这部分形状，并用波浪线表示剖切范围，这样的图形叫做局部剖视图。局部剖切后，为不引起误解，波浪线不要与图形中其他的图线重合，也不要画在其他图形的延长线上。

知识点 5 尺寸标注

在设定好"尺寸样式"后，即可以采用设定好的"尺寸样式"进行尺寸标注。按照标注尺寸的类型，可以将尺寸分成长度尺寸、半径、直径、坐标、指引线、圆心标记等，按照标注的方式，可以将尺寸分成水平、垂直、对齐、连续、基线等。下面按照不同的标注方法介绍标注命令。

1．线性尺寸标注

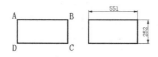

图 3-2 "线性尺寸标注"图例

线性尺寸标注指可以通过指定两点之间的水平或垂直距离尺寸，也可以是旋转一定角度的直线尺寸。定义可以通过指定两点、选择直线或圆弧等能够识别两个端点的对象来确定。

启用"线性尺寸"标注命令有以下 3 种方法。

★选择"标注"→"线性"菜单命令。

★单击标注工具栏上的"线性标注"按钮 ![按钮]。

★输入命令：DIMLINEAR。

【例】将图 3-2 标注为边长尺寸。

2．对齐标注

对倾斜的对象进行标注时，可以使用"对齐"命令。对齐尺寸的特点是尺寸线平行于倾斜的标注对象。

启用"对齐"命令有以下 3 种方法。

★ 选择"标注"→"对齐"菜单命令。

★ 单击"标注"工具栏中的"对齐标注"按钮 。

★输入命令：DIMAL IGNED。

【例】采用对齐标注方式标注图 3-3 所示的边长。

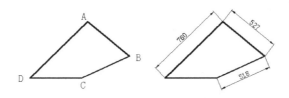

图 3-3 "对齐标注"图例

3．角度标注

角度标注用于标注圆或圆弧的角度、两条非平行直线间的角度、3 点之间的角。AutoCAD 提供了"角度"命令，用于创建角度尺寸标注。

启用"角度"命令有以下 3 种方法。

★选择"标注"→"角度"菜单命令。

★单击"标注"工具栏中的"角度标注"按钮 。

★输入命令：DIMANGULAR。

【例】标注图 3-4 所示的角的不同方向尺寸。

图 3-4 直线间角度的标注

4．标注半径尺寸

半径标注是由一条具有指向圆或圆弧的箭头的半径尺寸线组成的。测量圆或圆弧半径时，自动生成的标注文字前将显示一个表示半径长度的字母"R"。

启用"半径标注"命令有以下 3 种方法。

★选择"标注"→"半径"菜单命令。

★单击"标注"工具栏中的"半径标注"按钮 。

★输入命令：DIMRADIUS。

【例】标注如图 3-5 所示圆弧和圆的半径尺寸。

图 3-5   半径标注图例

5．标注直径尺寸

与圆或圆弧半径的标注方法相似。

启用"直径标注"命令有以下 3 种方法。

★选择"标注"→"直径"菜单命令。

★单击"标注"工具栏中的"直径标注"按钮 。

★输入命令：DIMDIAMETER。

【例】标注如图 3-6 所示圆和圆弧的直径。

图 3-6   直径标注图例

6．连续标注

连续标注是工程制图（特别是多用于建筑制图）中常用的一种标注方式，指一系列首尾相连的尺寸标注。其中，相邻的两个尺寸标注间的尺寸界线作为公用界线。

启用"连续标注"命令有以下 3 种方法。

★选择"标注"→"连续"菜单命令。

★单击"标注"工具栏中的"连续"按钮 。

★输入命令：DCO（DIMCONTINUE）。

【例】对如图 3-7 中的图形进行连续标注。

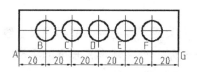

图 3-7   连续标注图例

7．基线标注

对于从一条尺寸界线出发的基线尺寸标注，可以快速进行标注，无须手动设置两条尺寸线之间的间隔。

启用"基线标注"命令有以下 3 种方法。

★选择"标注"→"基线"菜单命令。

★单击"标注"工具栏中的"基线"按钮 。

★输入命令：DIMBASELINE。

【例】采用基线标注方式标注如图 3-8 中的尺寸。

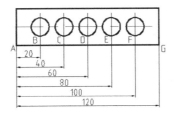

图 3-8　基线标注图例

知识点 6　多重引线标注

在机械上，引线标注通常用于为图形标注倒角、零件编号、形位公差等，在 AutoCAD 中，可使用"多重引线标注"命令（MLEADER）创建引线标注。多重引线标注由带箭头或不带箭头的直线或样条曲线（又称引线），一条短水平线（又称基线），以及处于引线末端的文字或块组成，如图 3-9 所示。

图 3-9　引线标注示例

1. 创建多重引线

启用"多重引线"命令有以下 3 种方法。

★选择"标注"→"多重引线"菜单命令。

★单击"标注"工具栏中的"多重引线"按钮 。

★输入命令：DIMJOGI。

【例】利用"多重引线"命令标注如图 3-10 所示斜线段 AB 的倒角。

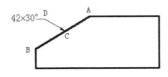

图 3-10　引线标注

2. 创建和修改多重引线样式

多重引线样式可以控制引线的外观，即可以指定基线、引线、箭头和内容的格式。用户可以使用默认多重引线样式 Standard，也可以创建自己的多重引线样式。

创建多重引线样式的方法如下。

①选择"格式"→"多重引线样式"菜单命令，打开"多重引线样式管理器"对话框，如图 3-11 所示。

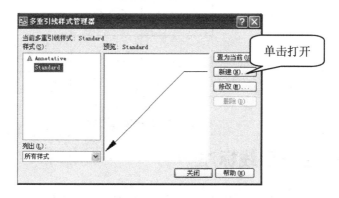

图 3-11 "多重引线样式管理器"对话框

②单击"新建"按钮，在打开的"创建新多重引线样式"对话框中设置新样式的名称，然后单击"继续"按钮，如图 3-12 所示。

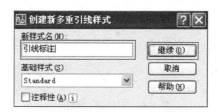

图 3-12 "创建新多重引线样式"对话框

③打开"修改多重引线样式：引线标注"对话框，在"引线格式"选项卡中可设置引线的类型、颜色、线型和线宽，引线前端箭头符号和箭头大小。

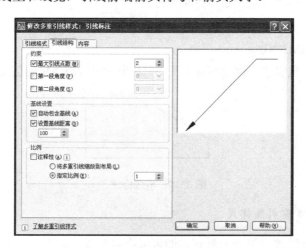

图 3-13 "引线格式"选项卡

④打开"引线结构"选项卡，在此可设置"最大引线点数"，是否自动包含基线，以及基线距离如图 3-13 所示。

⑤打开"内容"选项卡，在此可设置"多重引线类型"（多行文字或块）。如果多重引线类型为多行文字，还可设置文字的样式、角度、颜色、高度等。

⑥"引线连接"设置区用于设置当文字位于引线左侧或右侧时，文字与基线的相对位置，以及文字与基线的距离，如图 3-14 所示。

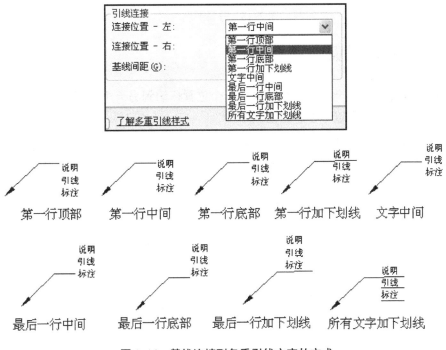

图 3-14 基线连接到多重引线文字的方式

知识点 7 分解对象

使用"分解"命令可以把复杂的图形对象或用户定义的块分解成简单的基本图形对象，这样就可以进行编辑图形了。

启用"分解"命令有以下 3 种方法。

★选择"修改"→"分解"菜单命令。

★直接单击标准工具栏上的"分解"按钮 ▓ 。

★输入命令：Explode。

启用"分解"命令后，根据命令行提示，选择对象，然后按 Enter 键，整体图形就被分解。

【例】将图 3-15 所示的四边形进行分解。

（a）分解前　　　　　　　（b）原图　　　　　　　（c）分解后

图 3-15　分解图例

知识点 8　移动对象

"移动"命令可以将一组或一个对象从一个位置移动到另一个位置。

启用"移动"命令有以下 3 种方法。

★选择"修改"→"移动"菜单命令。

★直接单击标准工具栏上的"移动"按钮 ✥。

★输入命令：M（Move）。

【例】将图 3-16 所示的小圆，从 O 点移动到 A 点。

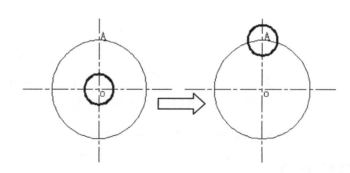

图 3-16　移动图例

知识点 9　尺寸公差的标注

1．多行文字堆叠直接标注尺寸公差

如果当前标注样式的"公差格式"选项组中的公差"方式"设置为"无"，标注尺寸公差时，利用"标注"命令的"多行文字（M）"选项打开"在位文字编辑器"，通过文字堆叠方式直接标注尺寸公差。

【例】标注尺寸公差 $\phi 32^{0}_{-0.025}$ 。

（1）在编辑器中输入数值，并选中尺寸公差，单击"堆叠"按钮 ⬚，如图 3-17（a）所示。

（2）选中尺寸公差，单击右键，在弹出的快捷菜单中选择"堆叠特性"，在打开的"堆叠特性"对话框中设置公差样式，如图3-17（b）所示。

（a）输入数据

（b）设置样式

图3-17 标注尺寸

2．对象"特性"选项板编辑尺寸公差

如果当前标注样式的"公差格式"选项组中的公差"方式"设置为"无"，在尺寸标注后，选中需要标注公差的标注对象，打开对象"特性"选项板，在"公差"项目板内编辑尺寸公差，如图3-18所示。

【例】标注尺寸公差 $\phi 22^{-0.020}_{-0.041}$ 。设置如图3-18所示。

图3-18 利用对象"特性"选项板编辑尺寸公差

知识点 10　形位公差的标注

"形位公差"标注命令

利用"公差"标注命令可绘制形位公差特征控制框。调用命令的方式如下。

★功能区："注释"选项卡━━▶"标注"面板━━▶"公差" 🔘。

★菜单栏："标注"面板━━▶"公差"。

★工具栏："标注"面板━━▶"公差" 🔘。

★键盘命令：TOLERANCE。

执行上述命令后，弹出如图 3-19 所示"形位公差"对话框，在该对话框中可设置形位公差的特性。

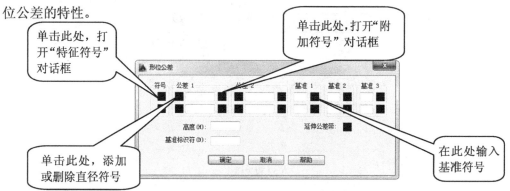

图 3-19　"形位公差"对话框

单击"形位公差"对话框相应空白框可打开"特征符号"对话框及"附加符号"对话框，如图 3-20（a）、（b）所示。若要绘制如图 3-20（c）所示形位公差特征控制框，其特性设置如图 3-21 所示。

（a）"特征符号"对话框　　（b）"附加符号"对话框　　（c）形位公差特征控制框

图 3-20　形位公差形式

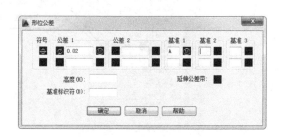

图 3-21　设置形位公差

知识点 11　镜像对象

对于对称的图形，可以只绘制一半或是四分之一，然后采用"镜像"命令产生对称的部分。

启用"镜像"命令有以下 3 种方法。

★选择"修改"→"镜像"菜单命令。

★直接单击标准工具栏上的"镜像"按钮 ⚎ 。

★输入命令：Mirror。

【例】将图 3-22 所示的左侧图形通过镜像，变成右侧图形。

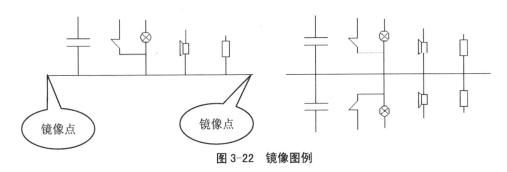

图 3-22　镜像图例

知识点 12　复制对象

对图形中相同的或相近的对象，不论其复杂程度如何，只要完成一个后，便可以通过"复制"命令产生其他的若干个。

启用"复制"命令有以下 3 种方法。

★选择"修改"→"复制"菜单命令。

★直接单击标准工具栏上的"复制"按钮 ⚏ 。

★输入命令：Copy。

【例】将图 3-23 所示的左侧图形，通过复制绘制成右侧图形。

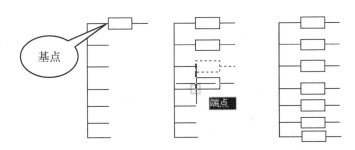

图 3-23　复制图例

任务实施

第1步：调用"机械样板图 A4 横装"，绘制轴的外形轮廓。

（1）在打开的样板图中，选择"中心线"图层为当前图层，绘制一条水平中心线。

（2）选择"粗实线"图层为当前图层。使用"矩形"命令，在绘图区域绘制多个矩形对象，如图 3-24 所示。

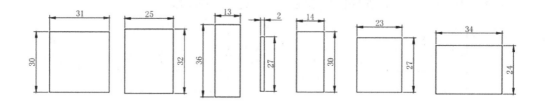

图 3-24　绘制矩形对象

（3）使用"移动"命令，选择矩形垂直边的中点为重合点，将矩形按顺序放置，使之成为轴的外形轮廓，如图 3-25 所示。

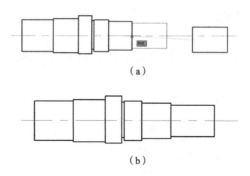

图 3-25　轴的外形轮廓

第2步：绘制键槽。

（1）在"粗实线"层，用对象捕捉的方法，绘制直径为 10 的两个圆，如图 3-26 所示。

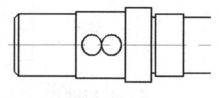

图 3-26　绘制圆

（2）捕捉其象限点，绘制两条直线如图 3-27 所示。

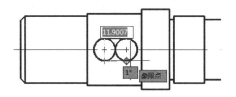

图 3-27　绘制直线

（3）用"修剪"命令完成键槽部分如图 3-28 所示。

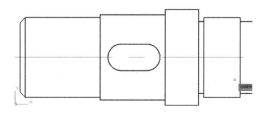

图 3-28　键槽

用同样的方法可以完成另一个键槽如图 3-29 所示。

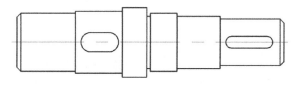

图 3-29　完整的键槽

第 3 步：绘制断面图。

（1）在"中心线"层绘制两条垂直相交的中心线，"粗实线"层绘制直径为 32 的圆如图 3-30 所示。

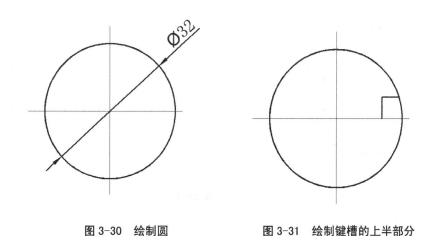

图 3-30　绘制圆　　　　图 3-31　绘制键槽的上半部分

（2）用对象捕捉的方式，绘制键槽的上半部分如图 3-31 所示。

（3）用"镜像"和"修剪"命令，完成键槽的绘制如图 3-32 所示。

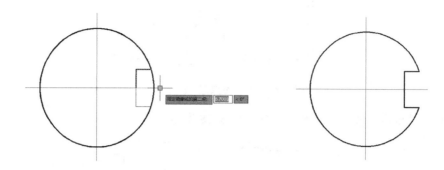

图 3-32　键槽

（4）用"图案填充"命令，选择相应的填充图案和比例，对断面图内部进行填充操作如图 3-33 所示。

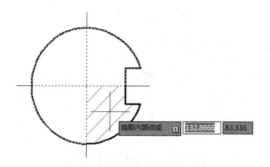

图 3-33　填充操作

（5）绘制第二个断面图，我们可以重复操作完成如图 3-34 所示（也可以采用"缩放"命令完成）。

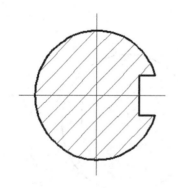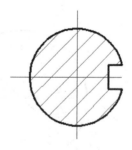

图 3-34　两个断面图

第 4 步：标注尺寸。

（1）标注线性尺寸。依据图 3-35 中尺寸完成所有线性尺寸的标注。

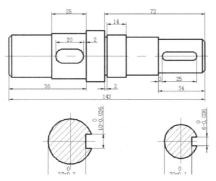

图 3-35 标注尺寸

（2）标注非圆直径尺寸和极限尺寸。在"特性"对话框中对非圆直径尺寸进行标注如图 3-36 所示。

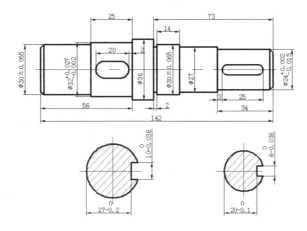

图 3-36 非圆直径尺寸标注

（3）标注表面粗糙度标注。依据图 3-37 所示绘制表面粗糙度符号。

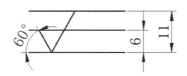

图 3-37 表面粗糙度符号

再将其复制到适当位置，并添加数值标注如图 3-38 所示。

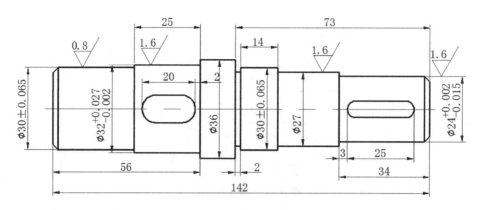

图 3-38 标注数值

（4）标注形位公差。

依据前面所讲，完成图 3-39 中形位公差标注。

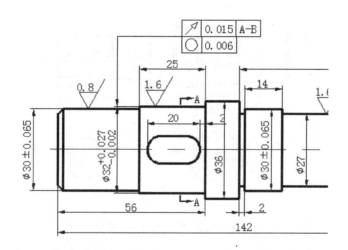

图 3-39 形位公差标注

 拓展任务

创建 A3 样板文件并依据所学相关尺寸标注知识完成如图 3-40 所示图形的绘制。

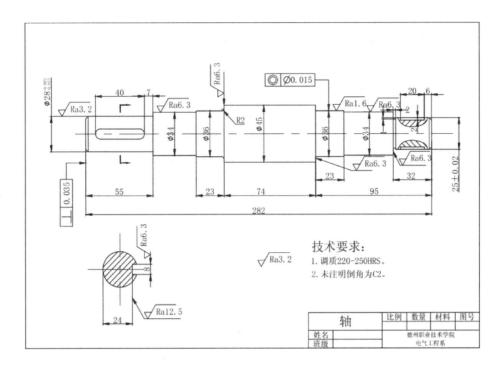

技术要求:

√Ra3.2

1. 调质220-250HRS。

2. 未注明倒角为C2。

轴		比例	数量	材料	图号
姓名				德州职业技术学院	
班级				电气工程系	

图 3-40 练习图形

任务二 绘制盘类零件

- 了解并掌握盘类零件的结构
- 熟练掌握盘类零件的绘制方法
- 掌握盘类零件的剖视类型及标注方法

绘制法兰盘零件图,如图 3-41 所示。本图共由两个视图组成:主视图和左视图。主视图采用全剖视图以表达中心部位的键槽结构和四周平均分布的圆孔。

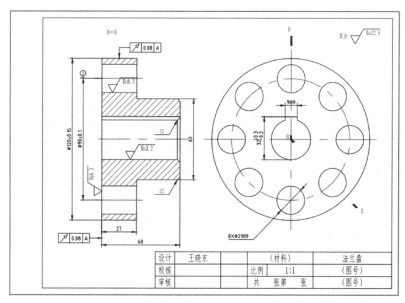

图 3-41 法兰盘零件图

 相关知识

知识点 1　盘类零件的表达方法

盘类零件一般是短粗的回转体，主要在车床或镗床上加工，故主视图常采用轴线水平放置的投射方向，符合零件的加工位置原则。为清楚表达零件的内部结构，主视图将采用全剖视图，另一个视图表达外形轮廓和其他结构，如孔、肋、轮辐的相对位置。

知识点 2　盘类零件的尺寸标注

以回转轴线作为径向尺寸基准，轴向尺寸以主要结合面为基准，对于圆或圆弧形盘类零件上的均匀孔，一般要用"$n \times \phi$EQS"的形式标注，角度定位尺寸可省略。

知识点 3　盘类零件的技术要求

重要的轴、孔和端面尺寸精度较高，且一般都有形位公差要求，如同轴度、垂直度、平行度和端面跳动等。配合的内、各表面及轴向定位端面的表面有较高的表面粗糙度要求。材料多为铸件，有时效处理和表面处理要求。

任务实施

第 1 步：调用"机械样板图 A4 横装"，绘制中心线，进行初步布局如图 3-42 所示。

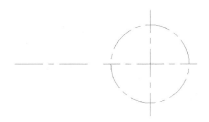

图 3-42　绘制中心线

第 2 步：绘制基本轮廓线。主视图中运用"直线"命令绘制轮廓线；左视图中用"圆"命令绘制 3 个轮廓圆如图 3-43 所示。

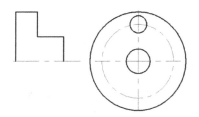

图 3-43　绘制基本轮廓线

第 3 步：绘制主视图倒角、左视图键槽如图 3-44 所示。

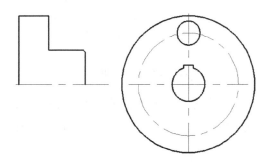

图 3-44　主视图倒角及左视图键槽

第 4 步：绘制剖视后的轮廓线。运用自动捕捉的方法，绘制剖视后的轮廓线如图 3-45 所示。

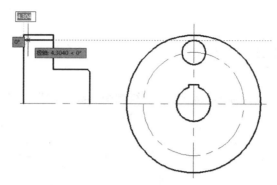

图 3-45　剖视后的轮廓线

完成后效果如图 3-46 所示。

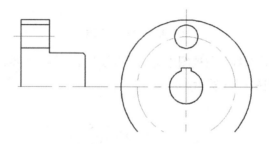

图 3-46　效果图

第 5 步：完成阵列和镜像操作。

（1）左视图阵列。调用"环形阵列"命令后，根据命令栏提示选择阵列对象，输入项目总数为 8，效果如图 3-47 所示。

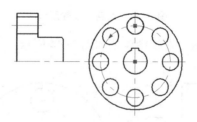

图 3-47　左视图阵列

（2）主视图镜像。调用"镜像"命令后，根据命令栏提示选择对象（框选主视图的上半部），按空格键；捕捉镜像线的第一点（单击中心线的左端点）；再捕捉镜像线的第二个点（单击中心线的右端点），完成镜像。效果如图 3-48 所示。

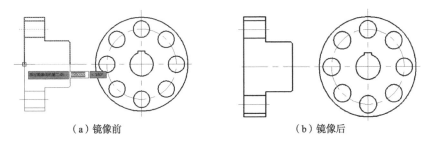

（a）镜像前　　　　　　　　　　　（b）镜像后

图 3-48　主视图镜像

第 6 步：绘制倒角、轮廓线。

运用"直线"命令，绘制倒角轮廓线，并追踪绘制圆孔和键槽在主视图上的 3 条轮廓线，如图 3-49 所示。

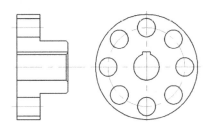

图 3-49　绘制倒角、轮廓线

第 7 步：填充主视图的剖面线。按要求使用金属剖面的图案和适当的比例，效果如图 3-50 所示。

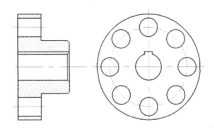

图 3-50　填充主视图的剖面线

第 8 步：标注尺寸。

（1）将图层切换到尺寸标注图层。

（2）调用"标注"工具栏，单击"标注样式"，调用"尺寸样式管理器"对话框，根据如图 3-51 中所示设置所要的尺寸样式，并保存。

（3）使用"标注"工具栏中的各种标注工具进行尺寸标注。

（4）使用"标注"工具栏中的编辑工具，对不适当的尺寸进行修改和编辑。

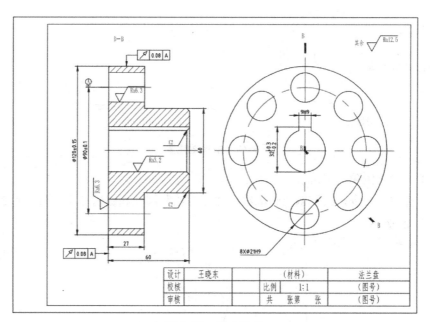

图 3-51　尺寸样式

识读图形，并在 A4 样本文件中完成如图 3-52 所示图形的绘制。

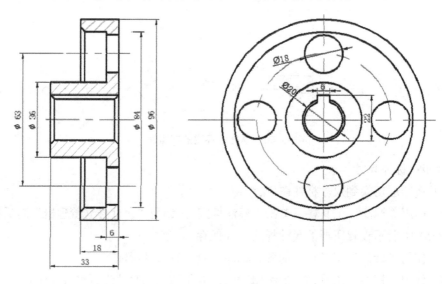

图 3-52　练习图形

任务三 绘制箱体类零件

学习目标

- 了解并掌握箱体类零件的结构
- 熟练掌握箱体类零件不同视图的绘制方法
- 熟练应用并掌握不同视图的绘制技巧与方法

任务提出

绘制箱体零件图，如图 3-53 所示。本图共由三个视图组成：主视图、俯视图、左视图，主、俯视图为半剖视图。绘制前应依据三视图的"长对正，高平齐，宽相等"原则识读零件图，明确结构后再进行图形的绘制。

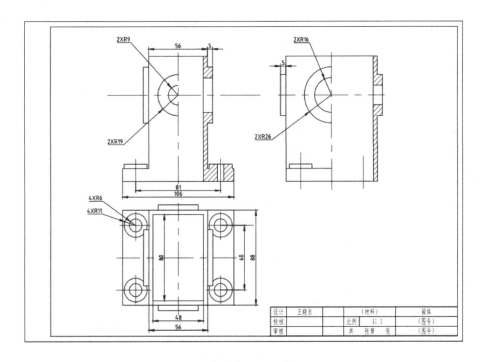

图 3-53 箱体零件图

相关知识

知识点 1　箱体类零件的结构特点

箱体类零件主要起包容、支承其他零件的作用，常有内腔、轴孔、销孔、凸台、凹坑、肋、安装板螺纹孔及润滑系统等结构。

知识点 2　箱体类零件的表达方法和画法

箱体类零件一般需要两个以上基本视图来表达，依其形状特征和工作位置的不同选择主视图，采用通过主要支承孔轴线的剖视图表达其内部形状结构，并要恰当灵活地运用各种视图，如剖视图、局部视图、断面图等表达。

知识点 3　打断对象

"打断"命令可将某一对象一分为二或去掉其中一段减小其长度。AutoCAD 提供了两种用于打断的命令："打断"和"打断于点"命令。可以进行打断操作的对象包括直线、圆、圆弧、多段线、椭圆、样条曲线等。

（1）"打断"命令

"打断"命令可将对象打断，并删除所选对象的一部分，从而将其分为两个部分。

启用"打断"命令有以下 3 种方法。

★选择"修改"→"打断"菜单命令。

★直接单击标准工具栏上的"打断"按钮　　。

★输入命令：Br（Break）。

【例】将图 3-54 所示的圆和直线在指定位置 A 点、B 点，C 点、D 点打断。

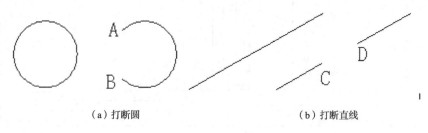

（a）打断圆　　　　　　　　　　　　　　（b）打断直线

图 3-54　打断图例

（2）"打断于点"命令

"打断于点"命令用于打断所选的对象，使之成为两个对象，但不删除其中的部分。

启用"打断于点"命令的方法是直接单击标准工具栏上的"打断于点"按钮　　。

【例】将图 3-55 所示的圆弧在 A 点打断成两部分。

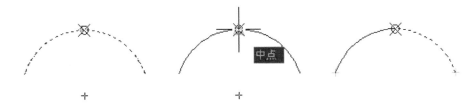

图 3-55　打断于点图例

知识点 4　旋转对象

"旋转"命令可以将某一个对象旋转一个指定角度或参照一个对象进行旋转。

启用"旋转"命令有以下 3 种方法。

★选择"修改"→"旋转"菜单命令

★直接单击标准工具栏上的"旋转"按钮 ⟳。

★输入命令：RO（Rotate）。

【例】将图 3-56 所示的左侧图形，通过旋转命令变为右侧图形。

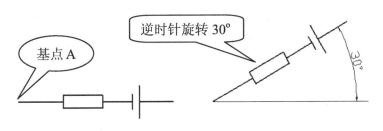

图 3-56　旋转图例

第 1 步：依据箱体尺寸，选择 A3 图纸。调用"机械样板图 A3 横装"。

第 2 步：绘制中心线，对三视图进行初步布局。

在"图层控制"对话框中，将"点画线"层置为当前图层。单击"绘图"工具栏中的"直线"图标，在适当位置绘制两个视图中的主要中心线。单击"修改"工具栏的"偏移"，将垂直的中心线偏移到图中要求的尺寸；单击"修改"工具栏中的"打断"，将偏移得到的中心线修剪成短中心线，完成初步定位和布局，如图 3-57 所示。

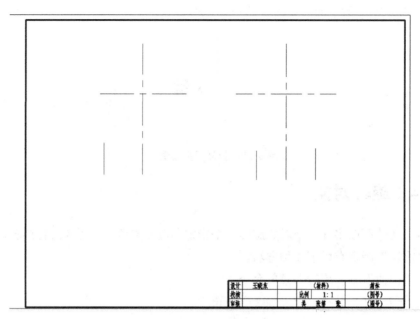

图 3-57　主视图的初步布局

第 3 步：绘制主视图和左视图的左半边轮廓线。

在"图层控制"对话框中，将"粗实线"层置为当前图层。单击"绘图"工具栏的"直线"图标，依据中心线的位置和例图中要求的尺寸绘制箱体外轮廓的左半边轮廓线。单击"绘图"工具栏的"圆"图标，依据中心线的位置和例图中要求的尺寸绘制圆轮廓线，如图 3-58 所示。

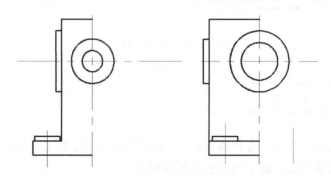

图 3-58　主视图和左视图的左半边轮廓线

第 4 步：绘制主视图和左视图的全部轮廓线。

单击"修改"工具栏的"镜像"工具图标，以垂直的中心线为镜像线，获得主视图和左视图的右半边图形，如图 3-59 所示。

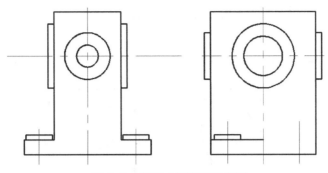

图 3-59 镜像主视图和左视图

在主视图中绘制半剖视图的轮廓线并修剪主箱体剖面中多余的线段。单击"修改"工具栏的"删除"工具图标；拾取要删除的线段，右击；单击"修改"工具栏的"修剪"工具图标，右击；拾取要修剪的线段，如图 3-60 所示。

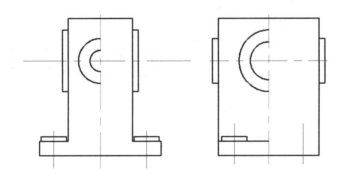

图 3-60 修剪主视图和左视图

将主视图中半剖部分绘制阶梯剖视图。完成主视图中右下角所示的阶梯剖视的小孔。将主视图的半剖改成局部剖视图，如图 3-61 所示。

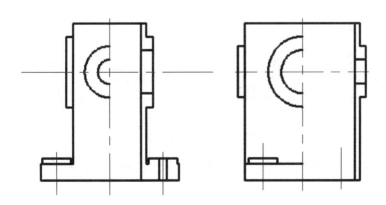

图 3-61 主视图轮廓

第 5 步：绘制俯视图。

依据主视图和左视图与俯视图的对应关系和例图的尺寸要求，运用"直线"和"圆"绘制俯视图，如图 3-62 所示。

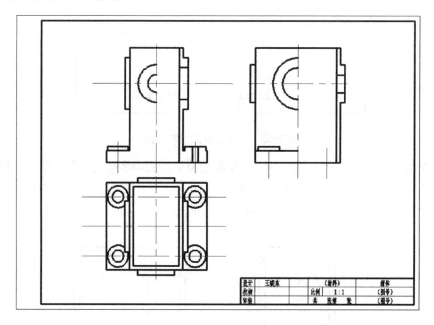

图 3-62　绘制俯视图

第 6 步：将图层切换到剖面线层，对主视图和左视图的剖视部分进行图案填充。完成后效果图如图 3-63 所示。

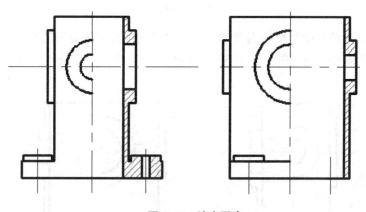

图 3-63　填充图案

第 7 步：将图层切换到尺寸线层，对三视图进行尺寸标注。效果图如图 3-64 所示。

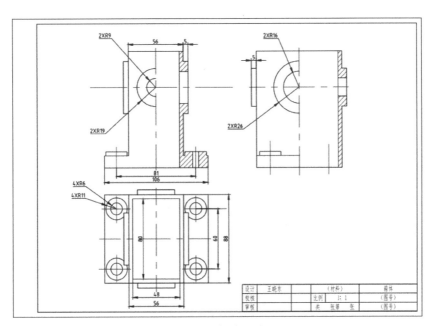

图 3-64 标注尺寸

读懂零件图，并在 A4 样板文件中完成如图 3-65 所示图形的绘制。

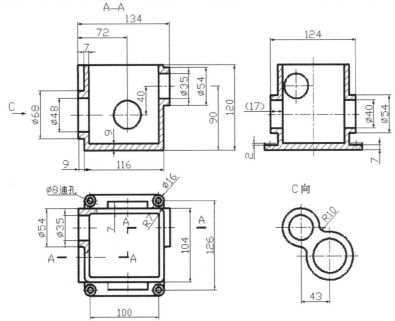

图 3-65 练习图形

实践项目篇：绘制电气图

项目四　绘制基本电气图形

　　任务一　绘制概略图

　　任务二　绘制功能图

　　任务三　接线图

项目五　绘制电气原理图

　　任务一　绘制自动混合生产线电气原理图

　　任务二　绘制 X62W 万能铣床电气控制原理图

　　任务三　绘制建筑电气平面图形

项目四　绘制基本电气图形

项目描述

电气图的种类很多，常用的有概略图、功能图、电路图、接线图等基本电气图、建筑电气安装平面图和印制板图等专业电气图。

要绘制功能图、电路原理图、电路控制图、电路接线图等实际图形，首先应在绘图过程中养成一个良好的习惯，掌握绘图技巧，轻松进行上机操作，本项目重点通过概略图、功能图、接线图的绘制实例进行上机实验操作。

一般来说，在 AutoCAD 中绘制图形的基本步骤如下：

①创建图形文件。

②设置图形单位与界限。

③创建图层，设置图层颜色、线型、线宽等。

④调用或绘制图框和标题栏。

⑤选择当前层并绘制图形。

⑥填写标题栏、明细表、技术要求等。

任务一　绘制概略图

学习目标

- 了解概略图的特点
- 掌握概略图的绘图原则
- 掌握概略图的绘图方法

绘制如图 4-1 所示图形。

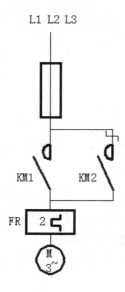

图 4-1　概略图示例

知识点 1　概略图的特点

概略图所描述的内容是系统的基本组成和主要特征，而不是全部组成和全部特征，概略图对内容的描述是概略的，但其概略程度则依描述对象不同而不同。

知识点 2　概略图绘制应遵循的基本原则

绘制概略图应遵循以下基本原则：

● 概略图可在不同层次上绘制，较高的层次描述总系统，而较低的层次描述系统中的分系统。

● 概略图中的图形符号应按所有回路均不带电，设备在断开状态下绘制。

● 概略图应采用图形符号或者带注释的框绘制。框内的注释可以采用符号、文字或同时采用符号与文字。

● 概略图中的连线或导线的连接点可用小圆点表示，也可不用小圆点表示。但同一工程中宜采用其中一种表示形式。

● 概略图中表示系统或分系统基本组成的符号和带注释的框均应标注项目代号。项目代号应标注在符号附近，当电路水平布置时，项目代号宜注在符号的上方；当电路垂直布置时，项目代号宜注在符号的左方。在任何情况下，项目代号都应水平排列。

● 概略图上可根据需要加注各种形式的注释和说明。如在连线上可标注信号名称、电平、频率、波形、去向等，也允许将上述内容集中表示在图的其他空白处。概略图中设备的技术数据宜标注在图形符号的项目代号下方。

● 概略图宜采用功能布局法布图，必要时也可按位置布局法布图。布局应清晰，并利于识别过程和信息的流向。

● 概略图中连线的线型，可采用不同粗细的线型分别表示。

● 概略图中的远景部分宜用虚线表示，对原有部分与本期工程部分应有明显的区分。

任务实施

第 1 步：创建新的图形文件。

单击 Windows 任务栏上的"开始"→程序→Autodesk→AutoCAD Electrical2014-简体中文（Simplified Chinese）→AutoCAD Electrical2014-简体中文（Simplified Chinese），进入绘图主界面。

第 2 步：选择"长方形"命令 □，在屏幕适当位置绘制长方形。选择"直线"命令，运用中点对象追踪绘制直线，在下端部绘制圆并进行修剪，步骤如图 4-2 所示。

命令: _rectang　　　　　　　　　　　　　　　　　//启用"长方形"命令 □

指定第一个角点或 [倒角（C）/标高（E）/圆角（F）/厚度（T）/宽度（W）]:

　　　　　　　　　　　　　　　　　　　　　　　　//单击一点

指定另一个角点或 [面积（A）/尺寸（D）/旋转（R）]:　//单击另一角点

命令: _line 指定第一点:　　　　　　　　　　　　//启用 ╱ 命令，单击上方

　　　　　　　　　　　　　　　　　　　　　　　　　一点

指定下一点或 [放弃（U）]:　　　　　　　　　　　//单击下方一点

命令: _circle 指定圆的圆心或 [三点（3P）/两点（2P）/相切、相切、半径（T）]:

　　　　　　　　　　　　　　　　　//启用圆命令 ◐

　　　　　　　　　　　　　　　　　//下方适当位置选择一点

　　　　　　　　　　　　　　　　　　为圆心

指定圆的半径或 [直径（D）]:　　　　　　　　　　//大小根据图形比例自定

命令: _trim　　　　　　　　　　　　　　　　　　//启用"修剪"命令 ╱

当前设置:投影=UCS，边=无

选择剪切边...   //选择直线

选择对象 或 <全部选择>: 找到 1 个

选择要修剪的对象，或按住 Shift 键选择要延伸的对象，或

[栏选（F）/窗交（C）/投影（P）/边（E）/删除（R）/放弃（U）]: //单击圆的右边

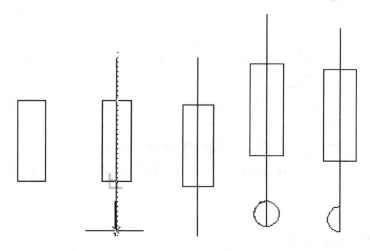

图 4-2　第 2 步效果图

第 3 步：选择"复制"命令 ，复制熔断器触点，绘制直线并进行修剪，如图 4-3 所示。

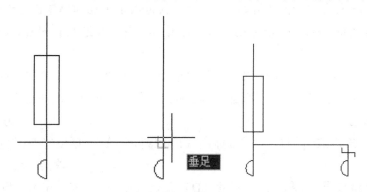

图 4-3　第 3 步效果图

第 4 步：选择矩形、圆、直线命令绘制下半部分。

命令: _rectang   //启用"长方形"

命令

指定第一个角点或 [倒角（C）/标高（E）/圆角（F）/厚度（T）/宽度（W）]: //单击一点

指定另一个角点或 [面积（A）/尺寸（D）/旋转（R）]:   //单击另一角点

命令: _line 指定第一点: //启用"直线"命

令 ，单击长

方形上边中点

指定下一点或 [放弃（U）]:　　　　　//正交往上单击一点

指定下一点或 [放弃（U）]:　　　　　//取消正交命令，左上方画斜线

命令: _line 指定第一点:　　　　　　//启用"直线"命令 ✎，绘制长方形内直线

指定下一点或 [放弃（U）]:　　　　　//正交打开，对象追踪，依次绘制

命令: _line 指定第一点:　　　　　　//启用"直线"命令 ✎，单击长方形下边中点

指定下一点或 [放弃（U）]:　　　　　//正交往下单击一点

命令: _circle 指定圆的圆心或 [三点（3P）/两点（2P）/相切、相切、半径（T）]:

　　　　　　　　　　　　　　　　　//启用"圆"命令 ◎

　　　　　　　　　　　　　　　　　//下方适当位置选择一点为圆心

指定圆的半径或 [直径（D）]:　　　　//大小根据图形比例自定

以上步骤完成后的效果如图 4-4 所示。

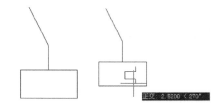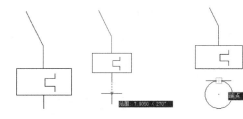

图 4-4　第 4 步效果图

第 5 步：将上下两部分利用移动、对象追踪在适当位置对正，绘制另一个开关。

命令: _move　　　　　　　　　　　　//启用"移动"命令 ✛

选择对象: 指定对角点: 找到 10　　　//选择下方对象

指定基点或 [位移（D）] <位移>: 指定第二个点或 <使用第一个点作为位移>:

　　　　　　　　　　　　　　　　　//适当位置单击

命令: _copy　　　　　　　　　　　　//启用"复制"命令 ⊗

选择对象: 指定对角点: 找到 2 个　　//选择开关

当前设置: 复制模式 = 多个

指定基点或 [位移（D）/模式（O）] <位移>:　//选择下端点

指定第二个点或 <使用第一个点作为位移>:　//正交打开，对象追踪，确定垂足

命令: _line 指定第一点:　　　　　　//启用"直线"命令 ✎，单击左边

　　　　　　　　　　　　　　　　　一点

指定下一点或 [放弃（U）]:　　　　　//正交往右，捕捉垂足点

命令: _trim　　　　　　　　　　　　//启用"修剪"命令 ⊬

当前设置：投影=UCS，边=无

选择剪切边...　　　　　　　　　　　// 选择直线

选择对象或 <全部选择>: 找到 2 个

选择要修剪的对象，或按住 Shift 键选择要延伸的对象，或

[栏选（F）/窗交（C）/投影（P）/边（E）/删除（R）/放弃（U）]:　　　// 结果如图 4-5 所示

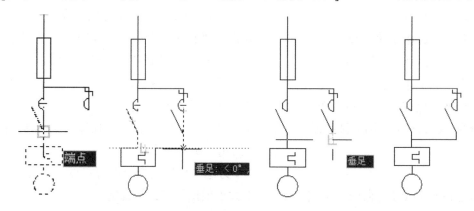

图 4-5　第 5 步效果图

第 6 步：选择图中需要加粗的图线，图线宽度确定为 0.3，并宽度显示。

第 7 步：选用多行文字进行文字注写，字体为宋体字，文字高度为 5。

最后图形为图 4-6 所示。

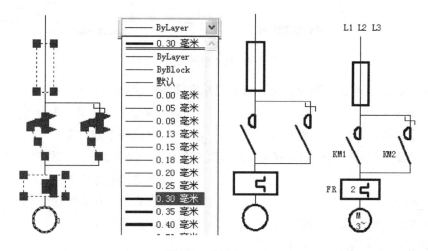

图 4-6　最终效果图

任务二　绘制功能图

- 了解功能图的特点
- 掌握功能图的绘图原则

·能够绘制定时脉冲发生的逻辑功能图

任务提出

绘制定时脉冲发生的逻辑功能图如图 4-7 所示。

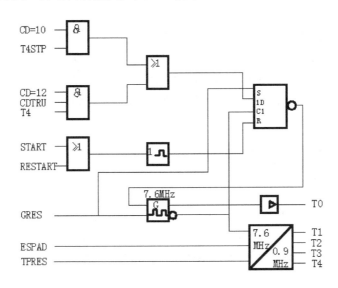

图 4-7 定时脉冲发生的逻辑功能图例

相关知识

知识点 1 功能图的基本特点

用理论的或理想的电路而不涉及实现方法来详细表示系统、分系统、成套装置、部件、设备、软件等功能的简图，称为功能图。功能图的内容至少应包括必要的功能图形符号及其信号和主要控制通路连接线，还可以包括其他信息，如波形、公式和算法，但一般不包括实体信息（如位置、实体项目和端子代号）和组装信息。

主要使用二进制逻辑元件符号的功能图，称为逻辑功能图。用于分析和计算电路特性或状态表示等效电路的功能图，也可称为等效电路图。等效电路图是为描述和分析系统详细的物理特性而专门绘制的一种特殊的功能图。

知识点2　逻辑功能图绘制的基本原则

按照规定，对实现一定目的的每种组件，或几个组件组成的组合件可绘制一份逻辑功能图（可以包括几张）。因此，每份逻辑功能图表示每种组件或几个组件组成的组合件所形成的功能件的逻辑功能，而不涉及实现方法。图的布局应有助于对逻辑功能图的理解。应使信息的基本流向为从左到右或从上到下。在信息流向不明显的地方，可在载信息的线上加一箭头（开口箭头）标记。

功能上相关的图形符号应组合在一起，并应尽量靠近。当一个信号输出给多个单元时，可绘成单根直线，通过适当标记以 T 形连接到各个单元。每个逻辑单元一般以最能描述该单元在系统中实际执行的逻辑功能的符号来表示。在逻辑图上，各单元之间的连线以及单元的输入、输出线，通常应标出信号名，以助于对图的理解和对逻辑系统的维护使用。

任务实施

第1步：创建新的图形文件。

单击 Windows 任务栏上的"开始"→程序→ Autodesk→AutoCAD Electrical2014-简体中文（Simplified Chinese）→AutoCAD Electrical2014-简体中文（Simplified Chinese），进入绘图主界面。

第2步：首先绘制图的整体框架，选择"长方形"命令 ▭，在屏幕适当位置绘制长方形，如图 4-8 所示。

选择线的宽度为 0.3 　　　　　　　　　　　　　　 // ┃—— ▮0.30 毫米▮

命令: _rectang 　　　　　　　　　　　　　　 //启用"长方形"命令 ▭

指定第一个角点或 [倒角（C）/标高（E）/圆角（F）/厚度（T）/宽度（W）]: 　　　　　　　　　　　　　　　　　　　　　　　//绘图区域单击一点

指定另一个角点或 [面积（A）/尺寸（D）/旋转（R）]: 　　//@20，30 按 Enter 键

结果如图 4-8 所示。

图 4-8　长方形 1 画法

第3步：复制相同大小的长方形。

命令: _copy 　　　　　　　　　　　　　　　　　　 //启用"复制"命令 🗐

选择对象: 指定对角点: 找到 1 个 　　　　　　　//选择开关

当前设置: 复制模式 = 多个

指定基点或 [位移（D）/模式（O）] <位移>: 　//选择右下端点

指定第二个点或 <使用第一个点作为位移>: 　//正交打开，对象追踪，确定位置

效果如图 4-9 所示。

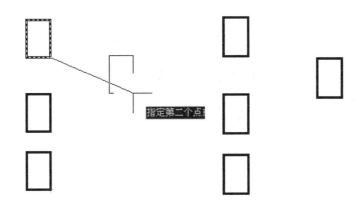

图 4-9　复制长方形

第 4 步：绘制其他不同尺寸的长方形，长方形的大小分别确定为长 30，宽 40 一个；长 20，宽 20 二个；长 15，宽 15 一个；长 40，宽 40 一个。并调整合适位置。

命令: _rectang 　　　　　　　　　　　　　　//启用"长方形"命令 ▭

指定第一个角点或 [倒角（C）/标高（E）/圆角（F）/厚度（T）/宽度（W）]:

　　　　　　　　　　　　　　　　　　　　　//绘图区域单击一点

指定另一个角点或 [面积（A）/尺寸（D）/旋转（R）]: 　//@30，40 按 Enter 键

命令: _move 　　　　　　　　　　　　　　　//启用"移动"命令 ✛

选择对象: 指定对角点: 找到 1 　　　　　　　//选择长方形

指定基点或 [位移（D）] <位移>: 指定第二个点或 <使用第一个点作为位移>:

　　　　　　　　　　　　　　　　　　　　　//适当位置单击结果为图 4-10 所示。

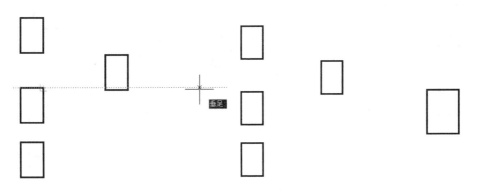

图 4-10　绘制长 30，宽 40 长方形

命令：_rectang   //启用"长方形"命令▭

指定第一个角点或 [倒角（C）/标高（E）/圆角（F）/厚度（T）/宽度（W）]：<对象捕捉 开> <正交 开>   //绘图区域单击一点

指定另一个角点或 [面积（A）/尺寸（D）/旋转（R）]：@20, 20   //输入另一点

命令：_copy   //启用"复制"命令，复制一个

命令：_rectang   //启用"长方形"命令▭

指定第一个角点或 [倒角（C）/标高（E）/圆角（F）/厚度（T）/宽度（W）]：<对象捕捉 开> <正交 开>   //绘图区域单击一点

指定另一个角点或 [面积（A）/尺寸（D）/旋转（R）]：@15, 15   //输入另一点

命令：_move   //启用"移动"命令✛

选择对象：指定对角点：找到 1   //选择长方形

指定基点或 [位移（D）]<位移>： 指定第二个点或 <使用第一个点作为位移>：

                                    //适当位置单击，调整位置

命令：_rectang   //启用"长方形"命令▭

指定第一个角点或 [倒角（C）/标高（E）/圆角（F）/厚度（T）/宽度（W）]：<对象捕捉 开> <正交 开>   //绘图区域单击一点

指定另一个角点或 [面积（A）/尺寸（D）/旋转（R）]：@40, 40   //输入另一点

命令：_move   //启用"移动"命令✛

选择对象：指定对角点：找到 1   //选择长方形

指定基点或 [位移（D）]<位移>： 指定第二个点或 <使用第一个点作为位移>：

                                    //适当位置单击，调整位置

效果如图 4-11 所示。

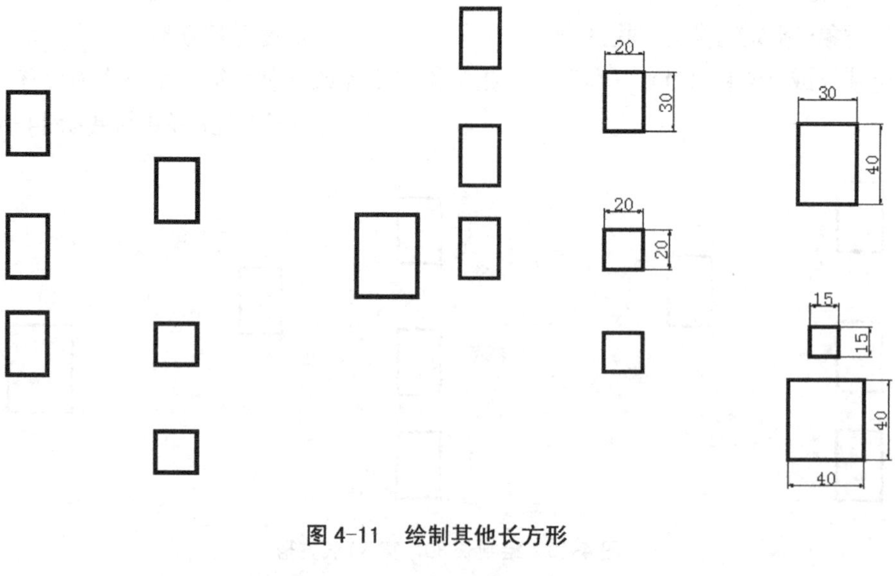

图 4-11　绘制其他长方形

第 5 步：绘制长方形内部图形和长方形之间的连接线。

命令: _line 指定第一点:　　　　　　　　// 启用"直线"命令 ╱，画内部图形

命令: _polygon 输入边的数目 <4>: 3　　// 启用"正多边形"命令 ⬠，画正三角形

命令: _circle 指定圆的圆心或 [三点（3P）/两点（2P）/相切、相切、半径（T）]:

　　　　　　　　　　　　　　　　　　// 启用"圆"命令 ◷，绘制两个小圆

命令: _line 指定第一点:　　　　　　　　// 启用"直线"命令 ╱，画图形之间之间

　　　　　　　　　　　　　　　　　　　　连线

选择线的宽度为 0.18　　　　　　　　　// ── 0.18 毫米

效果如图 4-12 所示。

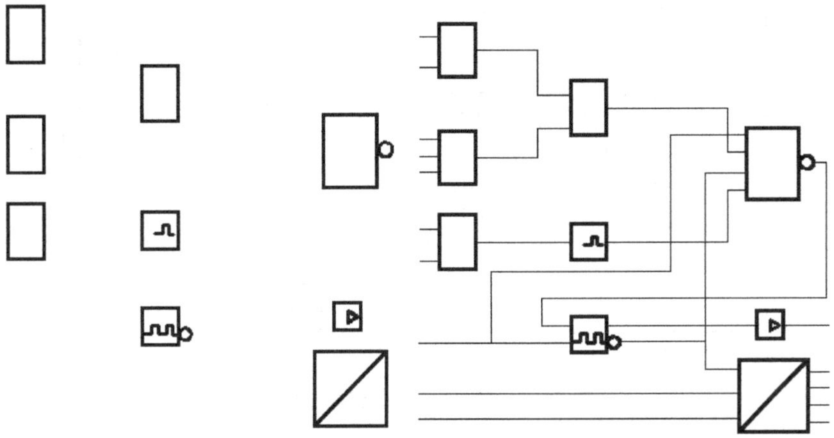

图 4-12　绘制内部图形和图框之间连线

第 6 步：选用多行文字进行文字注写，字体为宋体字，文字高度为 7。根据图中实际需要可进行调整文字的大小，如图 4-13 所示。

最后效果如图 4-7 所示。

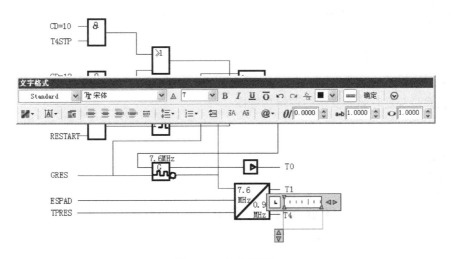

图 4-13　文字注写

拓展任务

绘制如图 4-14 所示的套桶洗衣机控制电路图。

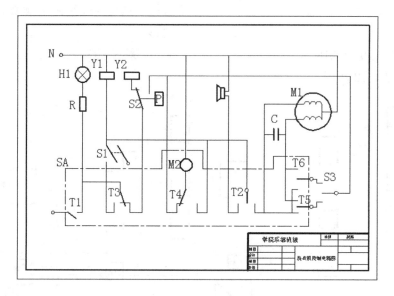

图 4-14　套桶洗衣机控制电路图

任务三　接线图

学习目标

- 了解导线的一般画法
- 掌握接线图的绘图原则
- 能够绘制定时脉冲发生的逻辑功能图

任务提出

绘制某电气柜的互连接线图如图 4-15 所示。

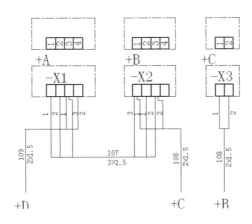

图 4-15　某电气柜的互连接线图

知识点 1　导线的一般画法

1．导线的一般符号

导线的一般符号可用于表示一根导线、导线组、电线、电缆、电路、传输电路、线路、母线、总线等，根据具体情况加粗、延长或缩小。

2．导线和导线根数的画法

在绘制电气工程图时，一般的图线可表示单根导线。对于多根导线，可以分别画出，也可以只画 1 根图线，但需加标志。若导线少于 4 根，可用短画线数量代表根数；若多于4 根，可在短画线旁边加数字表示，如表 4-1 所示。

表 4-1　导线和导线根数表示法

序号	图形符号	说　明	画法使用命令
1	——————————	一般符号	直线 ✏ 直线 ✏
2	——— /// ———	3 根导线	
3	——— n / ———	n 根导线	直线 ✏ 多行文字 **A**

序号	图形符号	说　　明	画法使用命令
4	3N~50Hz　　380V 3X70+1X35　　A1	具体表示	
5	KVV-8×1.0P20WC	具体表示	
6		柔软导线	直线 ╱ 样条曲线 〜
7		屏蔽导线	直线 ╱、圆 ◯
8		绞合导线	
9		分支与合并	直线 ╱
10	L3 L1	相序变更	直线 ╱ 多行文字 A
11		电缆	直线 ╱

3. 图线的粗细

为了突出或区分某些电路及电路的功能等，导线、连接线等可采用不同粗细的图线来表示。一般来说，电源主电路、一次电路、主信号通路等采用粗线，与之相关的其余部分用细线。由隔离开关、断路器等组成的变压器的电源电路用粗线表示，而由电流互感器和电压互感器、电度表组成的电流测量电路用细线表示。

知识点 2　互连接线的画法

互连接线图应提供设备或装置不同结构单元之间连接所需信息。无须包括单元内部连接的信息，但可提供适当的检索标记，如与之有关的电路图或单元接线图的图号。

互连接线图的各个视图应画在一个平面上，以表示单元之间的连接关系，各单元的围框用点画线表示。各单元间的连接关系既可用连续线表示，也可用中断线标示。

任务实施

第 1 步：创建新的图形文件。

单击 Windows 任务栏上的"开始"→程序→Autodesk→AutoCAD Electrical2014-简体中文（Simplified Chinese）→AutoCAD Electrical2014-简体中文（Simplified Chinese），进入绘图主界面。

第 2 步：绘制 3 个主框架。

选择线型为点画线　　　　　　　　　　　// | —— - —— CENTER

选择线的宽度为 0.18　　　　　　　　　// —— 0.18 毫米

命令: _rectang　　　　　　　　　　　//启用"长方形"命令 ▭

指定第一个角点或 [倒角（C）/标高（E）/圆角（F）/厚度（T）/宽度（W）]:

　　　　　　　　　　　　　//绘图区域单击一点

指定另一个角点或 [面积（A）/尺寸（D）/旋转（R）]:

　　　　　　　　　　　　　//单击另一角点，大小自定，绘制第一个矩形

命令: _rectang　　　　　　　　　　　//启用"长方形"命令 ▭

指定第一个角点或 [倒角（C）/标高（E）/圆角（F）/厚度（T）/宽度（W）]:

　　　　　　　　　　　　　//绘图区域单击一点

指定另一个角点或 [面积（A）/尺寸（D）/旋转（R）]:

　　　　　　　　　　　　　//单击另一角点，大小自定，绘制第二个矩形

命令: _rectang　　　　　　　　　　　//启用"长方形"命令 ▭

指定第一个角点或 [倒角（C）/标高（E）/圆角（F）/厚度（T）/宽度（W）]:

　　　　　　　　　　　　　//绘图区域单击一点

指定另一个角点或 [面积（A）/尺寸（D）/旋转（R）]:

//单击另一角点，大小自定，绘制第三个矩形

结果如图 4-16 所示。

图 4-16 绘制主框架

第 3 步：绘制 3 个主框架内的小方框。

选择线的宽度为 0.3   // ——— 0.30 毫米

命令: _rectang   // 启用 "长方形" 命令

指定第一个角点或 [倒角（C）/标高（E）/圆角（F）/厚度（T）/宽度（W）]:   // 绘图区域单击一点

指定另一个角点或 [面积（A）/尺寸（D）/旋转（R）]:   // 单击另一角点，大小自定，绘制第一个矩形

命令: _copy   // 启用 "复制" 命令

选择对象: 指定对角点: 找到 1 个   // 选择小方框

当前设置: 复制模式 = 多个

指定基点或 [位移（D）/模式（O）] <位移>:   // 小方框的右下角点

指定第二个点或 <使用第一个点作为位移>:   // 正交打开，依次进行复制

效果如图 4-17 所示。

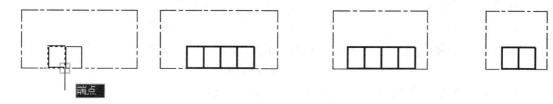

图 4-17 绘制小方框

第 4 步：检查图形，绘制连接线。

选择线的宽度为 0.13   // ——— 0.13 毫米

命令: _line 指定第一点: // 启用 "直线" 命令

指定下一点或 [放弃（U）]:   // 正交打开，按从左到右顺序依绘制

效果如图 4-18 所示。

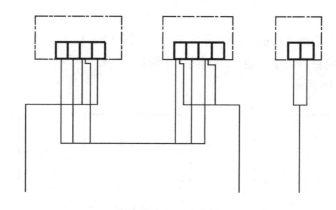

图 4-18 绘制连接线

命令: _mtedit　　　　　 // 启用"多行文字"命令 **A**

标注文字时，字体为宋体字，大小可根据图形的实际大小来确定字的高度。为了能保证字体的一致性，建议读者同样大小的字确定一个之后，其余都进行复制，然后对复制后的文字双击进行修改，这样效率比较高。如果文字的方向不一致，可先标出一个，对其进行旋转，这样就能满足要求了。

效果如图 4-19 所示。

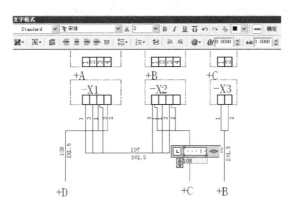

图 4-19　标注文字

绘制如图 4-20 所示的 I/O 位置接线图。

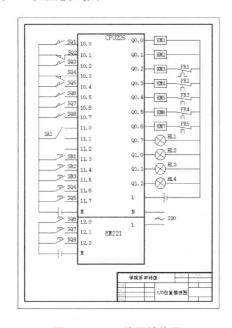

图 4-20　I/O 位置接线图

项目五　绘制电气原理图

项目描述

电气原理图用图形符号并按工作顺序排列，详细表示系统、分系统、电路、设备或成套装置的全部基本组成和连接关系，而不考虑其组成项目的实体尺寸、形状或实际位置的一种简图，称为电气原理图。

通过电气原理图能详细理解电路、设备或成套装置及其组成部分的工作原理；了解电路所起的作用（可能还需要如表图、表格、程序文件、其他简图等补充资料）；作为编制接线图的依据（可能还需要结构设计资料）；为测试和寻找故障提供信息（可能还需要诸如手册、接线文件等补充文件）；为系统、分系统、电器、部件、设备、软件等安装和维修提供依据。

电气制图与识图是电气工程技术人员、自动化控制系统设计人员、电力工程技术人员的典型工作任务，是自动化技术高技能人才必须具备的基本技能。本项目以自动混合生产线、万能铣床电气控制原理图的绘制过程为学习内容，通过两个任务的学习，不仅能够掌握利用 AutoCAD 绘制常用电气控制原理图的方法，同时能够识读电气控制原理图，达到电气工程技术人员对电气图识读与绘制的要求。

任务一　绘制自动混合生产线电气原理图

学习目标

- 掌握绘制电气图的一般步骤和方法
- 掌握图块命令的使用方法
- 掌握常用图形符号的绘制方法
- 明确自动混合生产线的设计要求，完成电气原理图的绘制

依据自动混合生产线的电气原理图（如图 5-1 所示）的绘制要求完成自动混合生产线的接线图。

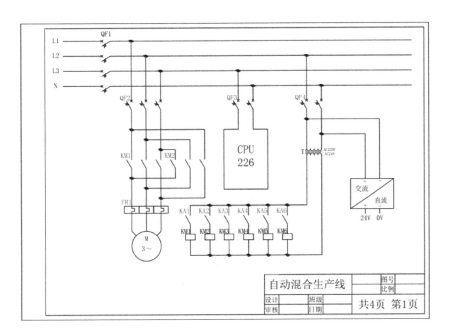

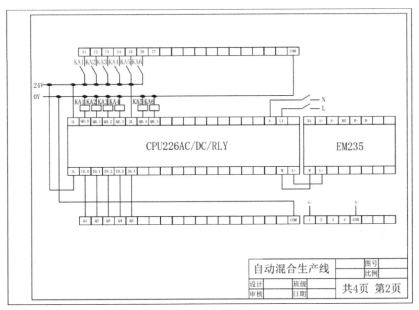

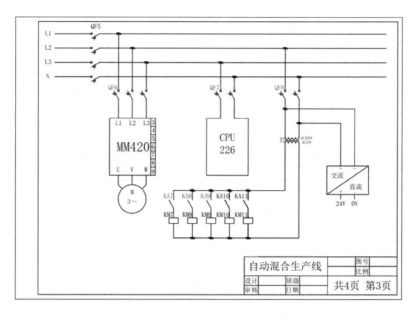

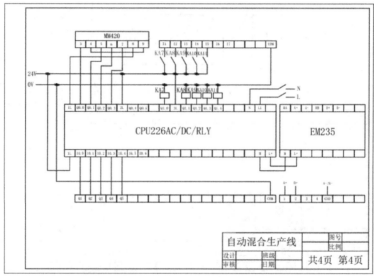

图 5-1　自动混合生产线的电气原理图

知识点 1　图块

　　在电气原理图中我们经常会用到同种类型的元器件，这些元器件具有相同的图形符号。图块提出了模块化作图的问题，利用图块不仅可避免重复工作，提高绘图速度，而且大大节省了磁盘空间。

图块也称块，它是由一组图形对象组成的集合。图块是一个整体，选择图块中任意一个图形对象即可选中构成图块的所有对象。

1．定义图块

单击"绘图"工具栏中的"创建块"命令 $\square$，系统打开"块定义"对话框，利用该对话框可定义图块并命名。

（1）"基点"：确定图块的基点，默认值是（0，0，0），也可以在下面的 X、Y、Z 文本框中输入块的基点坐标值。单击"拾取点"按钮 $\square$ 拾取点(K)，系统临时切换到绘图区，在绘图区选择一点后，返回"块定义" 对话框，把选择的点作为图块的放置基点。

（2）"对象"：用于选择制作图块的对象，以及设置图块对象的相关属性。

（3）"设置"：指定从 AutoCAD 设计中心拖动图块时用于测量图块的单位，以及缩放、分解、超链接等设置。

（4）"在块编辑器中打开"：勾选此复选框，可以在块编辑器中定义动态块。

（5）"方式"：指定块的行为。

"注释性"复选框：用于指定在图纸空间中块参照的方向与布局方向匹配。"按统一比例缩放"复选框：用于指定是否阻止块参照不按照比例缩放；"允许分解"复选框，指定块参照是否可以被分解。

2．图块的存盘

利用 BLOCK 命令定义的图块保存在其所属的图形当中，该图块只能在该图形中插入，而不能插入到其他的图形中。但是有些图块在许多图形中要经常用到，这时可以用 WBLOCK 命令把图块以图形文件的形式写入磁盘。图形文件可以在任意图形中用 INSERT 命令插入。

命令行：WBLOCK

执行上述命令后，系统打开"写块"对话框，利用此对话框可把图形对象保存为图形文件。

（1）"源"：用于确定要保存为图形文件的图块。选择"块"单选按钮，单击右侧的下拉列表框，在其展开的列表中选择一个图块，将其保存为图形文件；选择"整个图形"单选按钮，则把当前的整个图形保存为图形文件；选择"对象"单选按钮，则把不属于图块的图形对象保存为图形文件。对象的选择通过"对象"选项组来完成。

（2）"目标"：用于指定图形文件的名称、保存路径和插入单位。

3．图块的插入

在 AutoCAD 绘图过程中，可根据需要随时把已经定义好的图块插入到当前图形的任意位置，在插入的同时还可以改变图块的大小、旋转一定角度或把图块拆开等。单击"绘图"工具栏中的"插入块"命令 $\square$，系统打开"插入"对话框，可以选择需要插入的图块及其位置。

（1）"路径"：显示图块的保存路径。

（2）"插入点"：指定插入点，插入图块时该点与图块的基点重合，可以在绘图区指定该点。

（3）"比例"：确定插入图块的缩放比例。图块被插入到当前图形中时，可以按任意比例放大或缩小。

4．图块的分解

对块进行分解是得到与块相近图形的快速方法，使用"分解"命令可以将所选的块分解成单个图形对象，即恢复块定义以前的状态。注意：在块定义中取消"允许分解"项，"分解"命令对该块无效。执行"分解"块的命令形式为：单击"修改"工具栏中的"分解"命令 。

知识点 2 自动混合生产线的设计要求

"自动混合生产线"的示意图如图 5-2 所示。

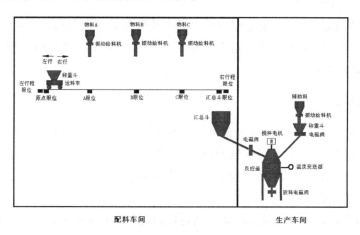

图 5-2 自动混合生产线示意图

该任务的要求为：

① "自动混合生产线"由"配料车间"和"生产车间"两个车间构成。

② "配料车间"主要完成运料车从 A 料仓、B 料仓和 C 料仓将三种原料搬运至汇总斗的工作过程。车间由运料车、物料 A 料仓、物料 B 料仓、物料 C 料仓及汇总斗构成。运料车上有一个称量斗，其量程为 100kg，测量精度为 ±0.5%FS，变送器输出信号为 0~5V 电压信号。A、B、C 三个料仓分别由一个电动振动给料机控制原料的输出。运料车运行轨道上分别安装了原点限位开关、A 位置限位开关、B 位置限位开关、C 位置限位开关、汇总斗位置限位开关，并在左、右两个极限位置分别安装了行程开关。

③ "生产车间"主要完成两种或三种原料自动混合的生产过程，并可以根据需要添加辅助料。车间由汇总斗电磁阀、反应釜及辅助料系统构成。反应釜的最大容量为 1000kg，具有搅拌

器、温度变送器及放料电磁阀，温度变送器量程为 0~200℃，测量精度为±1%FS，变送器输出信号为 0~5V 电压信号。辅助料系统由料仓、电动振动给料机、称量斗及放料电磁阀构成，辅助料称量斗的量程为 10kg，精度为±0.5%FS，变送器输出信号为 0~5V 电压信号。

④虚拟负载项目"自动混合生产线"的接口说明。

◆"配料车间"负载接口，如表 5-1 所示。

表 5-1　"配料车间"负载接口

序号	端口	功能	备注
控制信号输出			
1	Q1	原点限位	行程开关
2	Q2	物料 A 装料位置限位	行程开关
3	Q3	物料 B 装料位置限位	行程开关
4	Q4	物料 C 装料位置限位	行程开关
5	Q5	汇总料斗限位	行程开关
6	DAC1	运料车称量反馈	0~5V 模拟量信号
控制信号输入			
1	I1	运料车左行	
2	I2	运料车右行	
3	I3	物料 A 下料	
4	I4	物料 B 下料	
5	I5	物料 C 下料	
6	I6	运料车卸料	

◆"生产车间"负载接口，如表 5-2 所示。

表 5-2　"生产车间"负载接口

序号	端口	功能	备注
控制信号输出			
1	DAC1	辅助料称量反馈	0~5V 模拟量信号
2	DAC 2	反应釜温度反馈	0~5V 模拟量信号
控制信号输入			
1	I1	汇总斗电磁阀	
2	I2	辅助料给料机	
3	I3	辅助料称量斗电磁阀	
4	I4	搅拌器	
5	I5	反应釜放料电磁阀	

任务实施

该任务分以下几个子任务来实施。

子任务 1：元器件的绘制。

1. 绘制常开触点

（1）单击"绘图"工具栏中的"直线"按钮（或键盘输入"1"，再按键盘的空格键），绘制一条 10mm 的直线，如图 5-3 所示。命令行提示如下。

命令: _line 指定第一点:

指定下一点或 [放弃（U）]:10　　　　　　　　　//直线的长度为 10mm

指定下一点或 [放弃（U）]:　　　　　　　　　//按空格键确定

图 5-3　直线绘制

（2）按空格键重复上步操作，绘制一条长度为 10mm，与水平方向的夹角为 120°的直线，如图 5-4 所示。命令行提示如下。

命令:　LINE 指定第一点:

指定下一点或 [放弃（U）]: @10<120　　　　　　//小于号前面的值表示直线长度，后面的值表示与水平方向的角度

指定下一点或 [放弃（U）]:

图 5-4　直线的极坐标画法

（3）按空格键重复上步操作，摄取两条直线的交点，慢慢竖直向上移动，再摄取斜线的顶点慢慢水平向右移动，如图 5-5 所示。在交点处竖直向上画一条 10mm 的直线，如图 5-6 所示。命令行提示如下。

命令:　LINE 指定第一点:

指定下一点或 [放弃（U）]: 10

指定下一点或 [放弃（U）]:

图 5-5　摄取点　　　　　　　图 5-6　常开触点

（4）把上述常开触点创立永久块，键盘输入"w"，再按键盘的空格键，弹出如图 5-7 所示对话框。"源"选择"对象"。单击"拾取点"，再单击常开触点的上端，如图 5-8 所示。单击"选择对象"，框选常开触点，按空格键确定。修改文件名为"常开触点"，文件保存在 C:\Users\Administrator\Desktop\电气元件图形库中，单击"确定"按钮退出窗口。

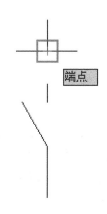

图 5-7　"写块"对话框　　　　　　　　　图 5-8　拾取点的选择

（5）单击"块"工具栏中的"插入"按钮（或键盘输入"i"，再按键盘的空格键），弹出如图 5-9 所示的对话框。单击"浏览"按钮，选择 C:\Users\Administrator\Desktop\电气元件图形库中的"常开触点"，单击"打开"按钮，再单击"确定"按钮把常开触点添加到绘图区。

图 5-9　"插入"对话框

（6）单击"块"工具栏的下拉菜单，再单击"定义属性"按钮，弹出如图 5-10 所示的对话框。在"属性"的"标记"栏中输入"KA1"，其他选项默认，单击"确定"按钮把其放到常开触点的左边，如图 5-11 所示。

图 5-10　"属性定义"对话框　　　　　图 5-11　带文字符号的常开触点

（7）按照（4）的操作把上述带文字符号的常开触点创立永久块，文件名为"带文字符号的常开触点"，单击"确定"按钮退出窗口。

（8）按照（5）的操作浏览并打开 C:\Users\Administrator\Desktop\电气元件图形库中的"带文字符号的常开触点"，单击"确定"按钮，添加常开触点后可以修改此常开按钮的文字符号，比如"KA2"、"KA3"等，如图 5-12 所示。

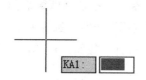

图 5-12　可任意改变文字符号

2．绘制断路器

（1）单击"块"工具栏中的"插入"按钮（或键盘输入"i"，再按空格键），弹出如图 5-13 所示的对话框。在"名称"里选择"常开触点"，单击"确定"按钮插入一个常开触点。

图 5-13　"插入"对话框

（2）单击"绘图"工具栏中的"直线"按钮（或键盘输入"1"，再按键盘的空格键），绘制一条 3mm 的直线。命令行如下。

命令: _line

指定第一个点：

指定下一点或 [放弃（U）]: 3 　　　　　　　　　　　　　//直线的长度为3mm

指定下一点或 [放弃（U）]:

（3）单击"修改"工具栏中的"旋转"按钮（或键盘输入"ro"，再按键盘的空格键），以上述所画直线中点为基点，把该直线旋转90°并复制，如图 5-14 所示。命令行如下。

命令：_rotate

UCS 当前的正角方向：　ANGDIR=逆时针　ANGBASE=0

选择对象：找到 1 个

选择对象：

指定基点： 　　　　　　　　　　　　　　　　　//单击直线的中点

指定旋转角度，或 [复制（C）/参照（R）] <90>: c 　　　//旋转并复制

旋转一组选定对象。

指定旋转角度，或 [复制（C）/参照（R）] <90>: 90 　　　//旋转角度

图 5-14　旋转复制直线

（4）单击"修改"工具栏中的"旋转"按钮（或键盘输入"ro"，再按空格键），以上述所化图形以中心点为基点旋转 45°，如图 5-15 所示。

图 5-15　旋转图形

（5）单击"修改"工具栏中的"移动"按钮（或键盘输入"m"，再按键盘的空格键），以上述所画图形中心为基点，把该图形移动到如图 5-16 所示位置，命令行如下。移动好的图形如图 5-17 所示。

命令：_move

选择对象：指定对角点：找到 2 个 　　　　　　　　　//框选要移动的对象

选择对象：

指定基点或 [位移（D）] <位移>:

图 5-16 移动图形　　　　　　　　　　图 5-17 移动好的图形

（6）单击"绘图"工具栏中的"直线"按钮（或键盘输入"1"，再按键盘的空格键），摄取如图 5-18 所示点沿直线移动 2mm，按空格键确定。以此为起点画一个边长为 2mm 的正方形（可在"对象捕捉"里选取"平行"来辅助作图），如图 5-19 所示。

图 5-18 摄取点　　　　　　　　　　图 5-19 绘制正方形

（7）单击"绘图"工具栏中的"图案填充"按钮（或键盘输入"h"，再按键盘的空格键），弹出如图 5-20 所示的对话框。"类型"选择"预定义"，"图案"选择"SOLID"，"样例"选择"ByLayer"，单击"添加：拾取点"按钮，再单击上述正方形内部一点，按空格键确定。再次弹出如图 5-20 所示对话框，单击"确定"按钮填充完成，如图 5-21 所示。

图 5-20 "图案填充和渐变色"对话框　　　　图 5-21 断路器

（8）把上述所画图形添加文字符号并创立永久块，保存在 C:\Users\Administrator\Desktop\电气元件图形库中。

3．绘制变压器

（1）单击"绘图"工具栏中的"圆弧"按钮（或键盘输入"arc"，再按键盘的空格键），绘制弧度为180°的圆弧，如图5-22所示。命令行提示如下。

命令: arc

指定圆弧的起点或 [圆心（C）]:

指定圆弧的第二个点或 [圆心（C）/端点（E）]: c

指定圆弧的圆心: 1.875　　　　　　　　　　//确定圆弧半径

指定圆弧的端点或 [角度（A）/弦长（L）]: a　　//指定圆弧角度

指定包含角: 180　　　　　　　　　　　　//输入圆弧弧度

图5-22 半圆弧

（2）单击"修改"工具栏中的"复制"按钮（或键盘输入"co"，再按键盘的空格键），再单击圆弧左端，如图5-23所示，再单击圆弧右端，如图5-24所示，完成一个复制，多次单击即可复制出多个圆弧，如图5-25所示。命令行提示如下。

命令: _copy

选择对象: 找到 1 个

当前设置: 复制模式 = 多个

指定基点或 [位移（D）/模式（O）]<位移>: 指定第二个点或 <使用第一个点作为位移>:

指定第二个点或 [退出（E）/放弃（U）] <退出>:

指定第二个点或 [退出（E）/放弃（U）] <退出>:

指定第二个点或 [退出（E）/放弃（U）] <退出>:

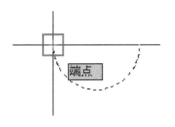

图5-23 选择圆弧

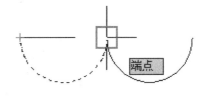

图5-24 选择另一个端点

图 5-25　圆弧复制

（3）单击"绘图"工具栏中的"直线"按钮（或键盘输入"1"，再按键盘的空格键），再单击已画好 4 个圆弧的左端，然后单击右端，如图 5-26 所示。命令行提示如下。

命令:_line 指定第一点:

指定下一点或 [放弃（U）]:　　　　　　　　　　　　//单击圆弧左端点

指定下一点或 [放弃（U）]:　　　　　　　　　　　　//单击圆弧右端点

图 5-26　直线绘制

（4）单击"修改"工具栏中的"偏移"按钮（或键盘输入"o"，再按键盘的空格键），把此直线向下偏移 3mm，如图 5-27 所示。命令行提示如下。

命令:_offset

当前设置: 删除源=否　图层=源　OFFSETGAPTYPE=0

指定偏移距离或 [通过（T）/删除（E）/图层（L）] <3.0000>:3　//设置偏移距离为 3mm

选择要偏移的对象，或 [退出（E）/放弃（U）] <退出>:

指定要偏移的那一侧上的点，或 [退出（E）/多个（M）/放弃（U）] <退出>:

　　　　　　　　　　　　　　　　　　　　　　//单击直线下方区域

选择要偏移的对象，或 [退出（E）/放弃（U）] <退出>:　*取消*

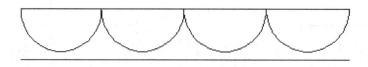

图 5-27　直线偏移

（5）单击"修改"工具栏中的"删除"按钮（或键盘输入"e"，再按键盘的空格键），选中上端直线，再删除，如图 5-28 所示。命令行提示如下。

命令:_erase

选择对象: 找到 1 个

选择对象:　　　　　　　　　　　　　　　　　　　　//按空格键确定

图 5-28 直线删除

（6）单击"修改"工具栏中的"镜像"按钮（或键盘输入"mi"，再按键盘的空格键），把 4 个半圆弧相对于直线镜像，如图 5-29 所示。命令行提示如下。

命令：_mirror

选择对象：指定对角点：找到 4 个　　　　　　　　　　　　　　//框选对象

选择对象： 指定镜像线的第一点：指定镜像线的第二点：

要删除源对象吗？[是（Y）/否（N）] <N>:　　　　　　　　　//不删除原对象

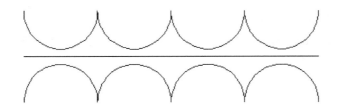

图 5-29 变压器线圈

（7）把上述所画图形添加文字符号并创立永久块，保存在 C:\Users\Administrator\Desktop\电气元件图形库中。

4．绘制线圈

（1）单击"绘图"工具栏中的"矩形"按钮（或键盘输入"rec"，再按键盘的空格键），绘制一个长度为 10mm，宽度为 6mm 的矩形，如图 5-30 所示。命令行提示如下。

命令：_rectang

指定第一个角点或 [倒角（C）/标高（E）/圆角（F）/厚度（T）/宽度（W）]:

指定另一个角点或 [面积（A）/尺寸（D）/旋转（R）]: @10, -6　　　　//长宽用","隔开

图 5-30 矩形的绘制

（2）单击"绘图"工具栏中的"直线"按钮（或键盘输入"1"，再按键盘的空格键），选中矩形上边的中点（可在"对象捕捉"里选取"中点"来辅助作图，如图 5-31 所示），向上画一条 10mm 的直线，如图 5-32 所示。

图 5-31　打开"中点"捕捉　　　　图 5-32　绘制直线

（3）单击"修改"工具栏中的"复制"按钮（或键盘输入"co"，再按键盘的空格键），选择上述直线。指定直线的上端为基点，复制到矩形下边的中点，如图 5-33 所示。命令行提示如下。

命令: _copy

选择对象: 找到 1 个

选择对象:

当前设置:　复制模式 = 多个

指定基点或 [位移（D）/模式（O）] <位移>: 指定第二个点或 <使用第一个点作为位移>:

指定第二个点或 [退出（E）/放弃（U）] <退出>:

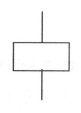

图 5-33　线圈

（4）把上述所画图形添加文字符号并创立永久块，保存在 C:\Users\Administrator\Desktop\电气元件图形库中。

5．绘制热继电器

（1）单击"绘图"工具栏中的"矩形"按钮（或键盘输入"rec"，再按键盘的空格键），绘制一个长度为 15mm，宽度为 7mm 的矩形。命令行提示如下。

命令: _rectang

指定第一个角点或 [倒角（C）/标高（E）/圆角（F）/厚度（T）/宽度（W）]:

指定另一个角点或 [面积（A）/尺寸（D）/旋转（R）]: @15，10

（2）单击"绘图"工具栏中的"直线"按钮（或键盘输入"1"，再按键盘的空格键），选中矩形上边的中点，依次画竖直 2mm，水平 3mm，竖直 3mm，水平 3mm，竖直 10mm 的直线，如图 5-34 所示。命令行提示如下。

命令: _line 指定第一点:

指定下一点或 [放弃（U）]: 2

指定下一点或 [放弃（U）]: 3

指定下一点或 [闭合（C）/放弃（U）]: 3
指定下一点或 [闭合（C）/放弃（U）]: 3
指定下一点或 [闭合（C）/放弃（U）]: 10
指定下一点或 [闭合（C）/放弃（U）]:

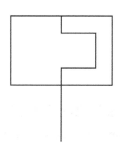

图 5-34 直线的绘制

（3）按空格键重复上步操作，选中矩形上边的中点，向上画长度为 8mm 的直线，如图 5-35 所示。

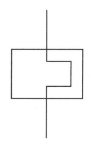

图 5-35 热继电器

（4）把上述所画图形添加文字符号并创立永久块，保存在 C:\Users\Administrator\Desktop\电气元件图形库中。

6．绘制三相笼式电动机

（1）单击"绘图"工具栏中的"圆"按钮（或键盘输入"c"，再按键盘的空格键），绘制一个半径为 15mm 的圆。命令行提示如下。

命令: _circle
指定圆的圆心或 [三点（3P）/两点（2P）/切点、切点、半径（T）]:
指定圆的半径或 [直径（D）] <15.0000>: 15   //半径为 15mm
命令: 指定对角点或 [栏选（F）/圈围（WP）/圈交（CP）]:   //按空格键确定
（2）单击"绘图"工具栏中的"直线"按钮（或键盘输入"l"，再按空格键），摄取圆心竖直向上到圆的边缘，如图 5-36 所示。以此为起点向上画一条 10mm 的直线，如图 5-37 所示。

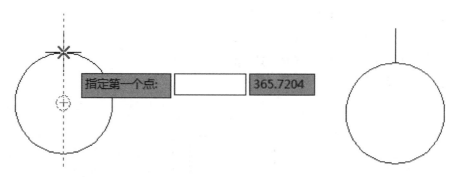

图 5-36　摄取圆心到指定点　　　　　　图 5-37　直线的绘制

（3）按空格键重复上步操作，摄取上述所画直线的上端点向左 15mm，如图 5-38 所示。以此为起点竖直向下画一条 10mm 的直线，如图 5-39 所示。

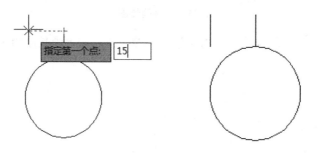

图 5-38　摄取点到指定位置　　　　　　图 5-39　直线的绘制

（4）按空格键重复上步操作，选中上述所画直线的下端点，捕捉圆上的垂足（可在"对象捕捉"里选取"垂足"来辅助作图，如图 5-40 所示），结果如图 5-41 所示。

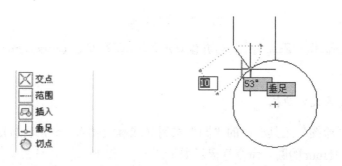

图 5-40　打开"垂足"捕捉　　　　　　图 5-41　捕捉垂足

（5）单击"修改"工具栏中的"镜像"按钮（或键盘输入"mi"，再按键盘的空格键），把步骤 3 和步骤 4 所画直线按步骤 1 所画直线镜像，如图 5-42 所示。命令行如下。

命令: _mirror

选择对象: 指定对角点: 找到 2 个

选择对象: 指定镜像线的第一点: 指定镜像线的第二点:　　//单击步骤 1 所画直线
　　　　　　　　　　　　　　　　　　　　　　　　的上下端点

要删除源对象吗？[是（Y）/否（N）] <N>:　　　　　　　　　　　　　//不要删除源对象

（6）单击"注释"工具栏中的"多行文字"按钮（或键盘输入"t"，再按键盘的空格键），在圆中心撰写文字"M"和"3～"，如图 5-43 所示。

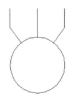

图 5-42　电机　　　　　　　　图 5-43　三相笼式异步电动机

（7）把上述所画图形添加文字符号并创立永久块，保存在 C:\Users\Administrator\Desktop\电气元件图形库中。

7．绘制相交点

（1）单击"绘图"工具栏中的"圆"按钮（或键盘输入"c"，再按空格键），绘制一个半径为 1mm 的圆。命令行提示如下。

命令: _circle
指定圆的圆心或 [三点（3P）/两点（2P）/切点、切点、半径（T）]:
指定圆的半径或 [直径（D）]: 1　　　　　　　　　　　　　　//半径为 1mm

（2）单击"绘图"工具栏中的"图案填充"按钮（或键盘输入"h"，再按空格键），填充上述所画圆，填充色为黑色，如图 5-44 所示。

图 5-44　相交点的绘制

（3）把上述所画图形添加文字符号并创立永久块，保存在 C:\Users\Administrator\Desktop\电气元件图形库中。

子任务 2：绘制三相四线。

（1）单击"绘图"工具栏中的"直线"按钮，绘制一条 40mm 的直线。单击"块"工具栏中的"插入"按钮，选择名称为"断路器"的块，插入到直线的尾端。单击"修改"工具栏中的"旋转"按钮，把断路器旋转 90°。单击"绘图"工具栏中的"直线"按钮，绘制一条 300mm 的直线，如图 5-45 所示。

图 5-45 相线的绘制

（2）单击"修改"工具栏中的"复制"按钮，复制上述相线 4 次，间隔距离为 15mm，如图 5-46 所示。命令行提示如下。

命令: _copy

选择对象: 指定对角点: 找到 3 个

选择对象:

当前设置: 复制模式 = 多个

指定基点或 [位移（D）/模式（O）] <位移>: 指定第二个点或 <使用第一个点作为位移>: 15

指定第二个点或 [退出（E）/放弃（U）] <退出>: 30   //和第一条相线的距离

指定第二个点或 [退出（E）/放弃（U）] <退出>: 45   //和第一条相线的距离

指定第二个点或 [退出（E）/放弃（U）] <退出>:

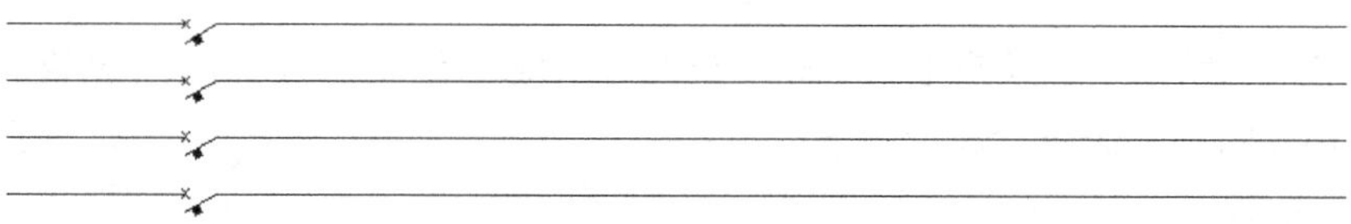

图 5-46 绘制三相四线

（3）单击"块"工具栏中的"定义属性"按钮，弹出"属性定义"对话框，如图 5-47 所示。在"标记"文本框中输入"QF1"，"文字高度"设为"5"，单击"确定"按钮插入"QF1"到断路器的上方，如图 5-48 所示。

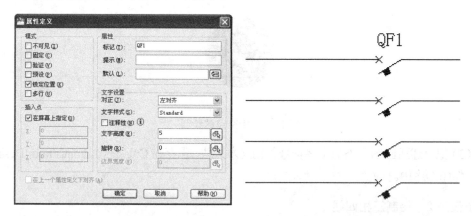

图 5-47 "属性定义"对话框   图 5-48 插入文字符号

（4）单击"注释"工具栏中的"多行文字"按钮，框选要编辑的区域，弹出文本框，如图 5-49 所示。设定文字高度为"5"，输入"L1"，单击文本框以外区域输入完毕。命令行如下。

命令: _mtext 当前文字样式: "Standard" 文字高度: 5 注释性: 否

指定第一角点：

指定对角点或 [高度（H）/对正（J）/行距（L）/旋转（R）/样式（S）/宽度（W）/栏（C）]：

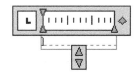

图 5-49 文本框

（5）单击"修改"工具栏中的"复制"按钮，依次竖直向下复制"L1" 3 次，间隔为 15mm，并把复制的内容依次改为"L2"、"L3"、"N"，绘制好的三相四线如图 5-50 所示。

图 5-50 三相四线

子任务 3：绘制主电路

主电路是带过载保护器的三相异步电动机的正反转电路，绘制步骤如下。

（1）单击"绘图"工具栏中的"直线"按钮，摄取 L1 相线的左端点，水平向右慢慢移动，出现如图 5-51 所示的虚线，输入"80"按空格键确定直线的起始点，然后画一条 50mm 的竖直线，命令行如下。

命令: _line 指定第一点: 80　　　　　　　　　　　　　//确定起始点

指定下一点或 [放弃（U）]: 50　　　　　　　　　　　　//直线长度50mm

指定下一点或 [放弃（U）]：

图 5-51 确定起始点

（2）单击"修改"工具栏中的"偏移"按钮，把上述所画直线向右偏移 2 次，间隔距离为15mm，如图 5-52 所示。命令行如下。

命令: _offset

当前设置: 删除源=否　图层=源　OFFSETGAPTYPE=0

指定偏移距离或 [通过（T）/删除（E）/图层（L）]<通过>:　15

选择要偏移的对象，或 [退出（E）/放弃（U）] <退出>:

指定要偏移的那一侧上的点，或 [退出（E）/多个（M）/放弃（U）] <退出>:

选择要偏移的对象，或 [退出（E）/放弃（U）] <退出>:

指定要偏移的那一侧上的点，或 [退出（E）/多个（M）/放弃（U）] <退出>:

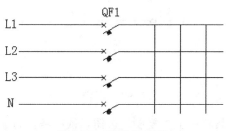

图 5-52 直线的偏移

（3）单击"修改"工具栏中的"修剪"按钮，修剪掉第二根直线 L1 和 L2 之间的部分以及第三根直线 L1 和 L3 之间的部分，如图 5-53 所示。

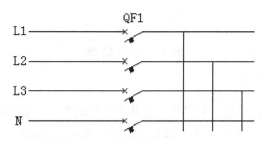

图 5-53 修剪直线

（4）单击"块"工具栏中的"插入"按钮，浏览名称为"断路器"的块，插入到直线的尾端，输入"QF2"，按 Enter 键确定。单击"绘图"工具栏中的"直线"按钮，绘制一条 30mm 的直线。单击"块"工具栏中的"插入"按钮，浏览名称为"常开触点"的块，插入到直线的尾端，输入"KM1"，按 Enter 键确定。单击"绘图"工具栏中的"直线"按钮，绘制一条 10mm 的直线。单击"块"工具栏中的"插入"按钮，选择名称为"热继电器"的块，插入到直线的尾端，输入"FR1"，按 Enter 键确定，如图 5-54 所示。

图 5-54 元器件的插入

（5）单击"修改"工具栏中的"复制"按钮，复制步骤 4 所画的图形到其他两条相线，命令行如下。

命令: _copy

选择对象: 指定对角点: 找到 5 个   //框选要复制的对象

选择对象:

当前设置: 复制模式 = 多个

指定基点或 [位移（D）/模式（O）] <位移>: 指定第二个点或 <使用第一个点作为位移>:

指定第二个点或 [退出（E）/放弃（U）] <退出>:

指定第二个点或 [退出（E）/放弃（U）] <退出>:

（6）单击"块"工具栏中的"插入"按钮，浏览名称为"电机"的块，插入到第一相线的尾端，输入"M"，按 Enter 键确定，如图 5-55 所示。

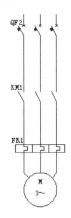

图 5-55 电机的插入

（7）单击"绘图"工具栏中的"直线"按钮，摄取如图 5-56 所示的点，竖直向上慢慢移动，输入"30"并按空格键确定直线的起始点，以此为起点画一条 75mm 的水平线，再画一条 20mm 的竖直线，如图 5-57 所示。命令行如下。

命令: _line 指定第一点: 30

指定下一点或 [放弃（U）]: 75

指定下一点或 [放弃（U）]: 20

图 5-56 确定起始点

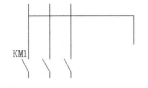

图 5-57 连接线

（8）单击"块"工具栏中的"插入"按钮，选择名称为"常开触点"的块，插入到上述竖直直线的尾端，按 Enter 键确定。单击"绘图"工具栏中的"直线"按钮，以此常开触点尾端为起点画一条 20mm 的竖直线，再画一条向右的直线与 L3 相线相交，如图 5-58 所示。

（9）重复（7）和（8）的方法，分别画出两外两条相线的常开触点以及连接线，如图 5-59 所示。

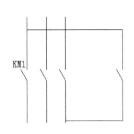

图 5-58 常开触点以及连接线

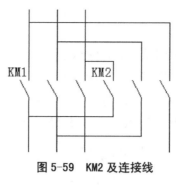

图 5-59　KM2 及连接线

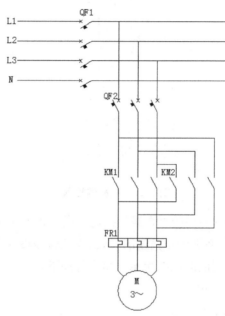

图 5-60　配料车间主电路

子任务 4：绘制 PLC 电源模块

（1）单击"绘图"工具栏中的"直线"按钮，摄取 L3 相线的左端点，水平向右慢慢移动。输入"180" 并按空格键确定直线的起始点，以此为起点画一条 20mm 的竖直线。单击"修改"工具栏中的"偏移"按钮，把上述所画直线向右偏移 15mm。单击"修改"工具栏中的"修剪"按钮，修剪掉第二条直线 L3 和 N 之间的部分，如图 5-61 所示。

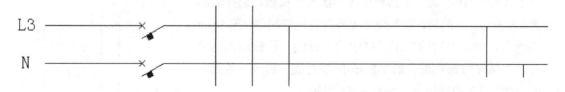

图 5-61　PLC 电源连接线

（2）单击"块"工具栏中的"插入"按钮，选择名称为"断路器"的块，插入上述

第一条竖直直线的尾端，输入"QF3"，按 ENTER 键确定。同样方法插入断路器的第二个触点，如图 5-62 所示。

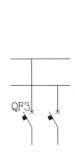

图 5-62　断路器的插入

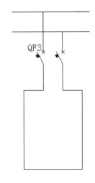

图 5-63　绘制矩形框

（3）单击"绘图"工具栏中的"直线"按钮，单击 L3 相断路器下端点，依次画竖直向下 10mm，水平向左 15mm，竖直向下 60mm，水平向右 45mm，竖直向上 60mm，水平向左 15mm，竖直向上 10mm 的直线，如图 5-63 所示。命令行如下。

命令: _line 指定第一点:
指定下一点或 [放弃（U）]: 10
指定下一点或 [放弃（U）]: 15
指定下一点或 [闭合（C）/放弃（U）]: 60
指定下一点或 [闭合（C）/放弃（U）]: 45
指定下一点或 [闭合（C）/放弃（U）]: 60
指定下一点或 [闭合（C）/放弃（U）]: 15
指定下一点或 [闭合（C）/放弃（U）]:

（4）在图层下拉列表框中，将"文字"图层设置为当前图层。单击"注释"工具栏中的"多行文字"按钮，框选一个矩形窗口输入"CPU 226"，"注释性"改为"8"，"段落"对齐选"居中"，关闭文字编辑器。绘制好的 PLC 电源模块如图 5-64 所示。

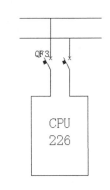

图 5-64　PLC 电源模块

子任务 5：绘制直流电源

（1）单击"绘图"工具栏中的"直线"按钮，摄取 L3 相线的左端点，水平向右慢慢移动。输入"180" 并按空格键确定直线的起始点，以此为起点画一条 20mm 的竖直线。单击"修改"工具栏中的"偏移"按钮，把上述所画直线向右偏移 15mm。单击"修改"工具栏中的"修剪"按钮，修剪掉第二条直线 L2 和 N 之间的部分，如图 5-65 所示，命令行如下。

命令: _line 指定第一点: 250
指定下一点或 [放弃（U）]: 35
指定下一点或 [放弃（U）]:

命令:

命令:

命令: _offset

当前设置: 删除源=否　图层=源　OFFSETGAPTYPE=0

指定偏移距离或 [通过（T）/删除（E）/图层（L）] <15.0000>:　15

选择要偏移的对象，或 [退出（E）/放弃（U）] <退出>:

指定要偏移的那一侧上的点，或 [退出（E）/多个（M）/放弃（U）] <退出>:

选择要偏移的对象，或 [退出（E）/放弃（U）] <退出>:

命令:

命令:

命令: _trim

当前设置：投影=UCS，边=无

选择剪切边...

选择对象或 <全部选择>:

选择要修剪的对象，或按住 Shift 键选择要延伸的对象，或

[栏选（F）/窗交（C）/投影（P）/边（E）/删除（R）/放弃（U）]:

选择要修剪的对象，或按住 Shift 键选择要延伸的对象，或

[栏选（F）/窗交（C）/投影（P）/边（E）/删除（R）/放弃（U）]:　指定对角点:

选择要修剪的对象，或按住 Shift 键选择要延伸的对象，或

[栏选（F）/窗交（C）/投影（P）/边（E）/删除（R）/放弃（U）]:

（2）单击"块"工具栏中的"插入"按钮，选择名称为"断路器"的块，插入上述第一条竖直直线的尾端，输入"QF4"，按 Enter 键确定。同样方法插入断路器 QF4 的第二个触点。单击"绘图"工具栏中的"直线"按钮，单击第一条直线，画一条 30mm 的直线。单击"修改"工具栏中的"偏移"按钮，把该直线向右偏移 15mm，命令行如下。

命令: _line 指定第一点:

指定下一点或 [放弃（U）]: 30

指定下一点或 [放弃（U）]:

命令:

命令:

命令: _offset

当前设置: 删除源=否　图层=源　OFFSETGAPTYPE=0

指定偏移距离或 [通过（T）/删除（E）/图层（L）] <15.0000>:　15

选择要偏移的对象，或 [退出（E）/放弃（U）] <退出>:

指定要偏移的那一侧上的点，或 [退出（E）/多个（M）/放弃（U）]

<退出>:

选择要偏移的对象，或 [退出（E）/放弃（U）] <退出>:

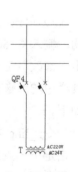

图 5-65　绘制电源

单击"块"工具栏中的"插入"按钮，选择名称为"变压器"的块，插入上述第一条竖直直线的尾端，输入"T"，按 Enter 键确定。

（3）单击"绘图"工具栏中的"直线"按钮，绘制如图 5-66 所示的图形。命令行如下。

命令: _line 指定第一点:

指定下一点或 [放弃（U）]: 50

指定下一点或 [放弃（U）]: 120

指定下一点或 [闭合（C）/放弃（U）]:

命令:

命令:

命令: _line 指定第一点:

指定下一点或 [放弃（U）]: 100

指定下一点或 [放弃（U）]:

指定下一点或 [闭合（C）/放弃（U）]:

（4）单击"块"工具栏中的"插入"按钮，选择名称为"常开"的块，插入上述第一条水平直线的尾端，输入"KA1"，按 ENTER 键确定。单击"块"工具栏中的"插入"按钮，选择名称为"线圈"的块，插入 KA1 的下端，输入"KM1"，按 ENTER 键确定。单击"绘图"工具栏中的"直线"按钮，连接 KM1 的下端到第二条水平直线，如图 5-67 所示。

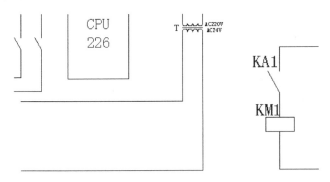

图 5-66　直线　　　　　　　　　　图 5-67　插入线圈

（5）按照上述方法分别画出 6 组，彼此间隔距离为 20mm，常开触点命名为 KA1 到 KA6，线圈命名为 KM1 到 KM6，如图 5-68 所示。

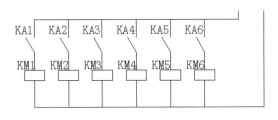

图 5-68　插入其余线圈

（6）单击"绘图"工具栏中的"直线"按钮，绘制如图 5-69 所示的图形，命令行如下。

命令: _line 指定第一点:

指定下一点或 [放弃（U）]: 75

指定下一点或 [放弃（U）]: 60

指定下一点或 [闭合（C）/放弃（U）]:

命令:

命令:

命令: _line 指定第一点: 15

指定下一点或 [放弃（U）]:

命令:

命令:

命令: _line 指定第一点: 15

指定下一点或 [放弃（U）]: 45

指定下一点或 [放弃（U）]: 45

指定下一点或 [闭合（C）/放弃（U）]:

命令:

命令: _line 指定第一点:

指定下一点或 [放弃（U）]: 15

指定下一点或 [放弃（U）]: 30

指定下一点或 [闭合（C）/放弃（U）]: 45

指定下一点或 [闭合（C）/放弃（U）]: 30

指定下一点或 [闭合（C）/放弃（U）]:

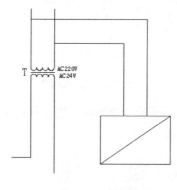

图 5-69　插入直线

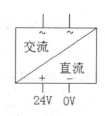

图 5-70　插入文字

（7）单击"注释"工具栏中的"多行文字"按钮，输入如图 5-70 所示的文字。

子任务6：PLC的绘制

（1）单击"绘图"工具栏中的"矩形"按钮，画一个长12mm宽8mm的矩形，如图5-71所示。命令行如下。

命令：_rectang

指定第一个角点或 [倒角（C）/标高（E）/圆角（F）/厚度（T）/宽度（W）]：

指定另一个角点或 [面积（A）/尺寸（D）/旋转（R）]：@12，-8

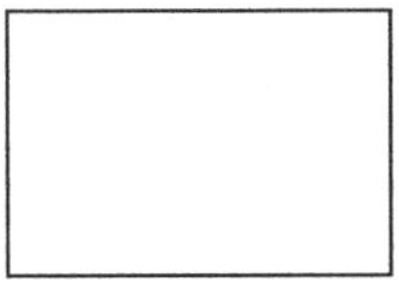

图5-71 绘制矩形

（2）单击"修改"工具栏中的"阵列"按钮，弹出的对话框如图5-72所示。选择"矩形阵列"，行数填"1"，列数填"12"，行偏移填"0"，列偏移填"12"，阵列角度填"0"，单击选择对象，框选该矩形，按空格键确定，如图5-73所示。

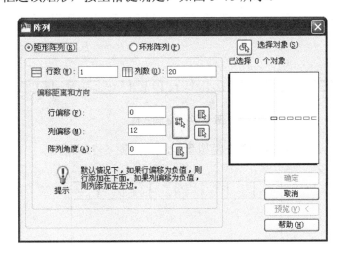

图5-72 "阵列"对话框

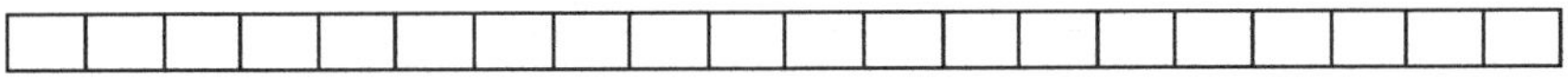

图5-73 阵列矩形

（3）单击"修改"工具栏中的"复制"按钮，把上述画出来的图形向下复制一个，间距为50mm；并用直线连接起来，如图5-74所示。命令行如下。

命令：_copy

选择对象：

命令：指定对角点：

命令： COPY 找到 20 个

当前设置： 复制模式 = 多个

指定基点或 [位移（D）/模式（O）] <位移>：指定第二个点或 <使用第一个点作为位移>：50

指定第二个点或 [退出（E）/放弃（U）] <退出>：

命令:

命令:

命令: _line 指定第一点:

指定下一点或 [放弃（U）]:

指定下一点或 [放弃（U）]:

命令:

命令:

命令: _line 指定第一点:

指定下一点或 [放弃（U）]:

指定下一点或 [放弃（U）]:

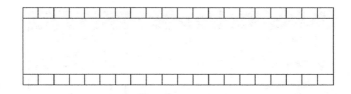

图 5-74　复制矩阵

（4）同样的方法绘制出 EM235 模拟量模块，如图 5-75 所示。

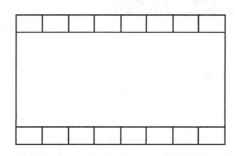

图 5-75　绘制 EM235 模块

（5）单击"注释"工具栏中的"多行文字"按钮，写出型号和 I/O 点，如图 5-76 所示。

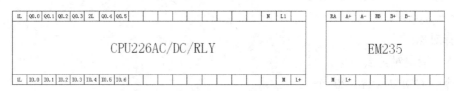

图 5-76　加入注释

（6）按照如上方法绘制出设备的输入输出点，如图 5-77 所示。

I1	I2	I3	I4	I5	I6	I7										COM

I1	I2	I3	I4	I5											COM

1	2	3	4	GND			

图 5-77　绘制设备的输入输出点

拓展任务

绘制如图 5-78 所示的电动机正反转控制电气接线图。

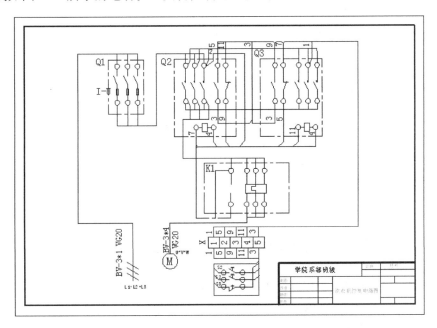

图 5-78　电动机正反转控制电气接线图

任务二　绘制 X62W 万能铣床电气控制原理图

学习目标

- 掌握 X62W 万能铣床电气控制原理图的绘制方法
- 掌握常用图形符号的绘制方法

绘制 X62W 万能铣床电气控制原理图，如图 5-79 所示。绘制过程前应先识读图形，绘制时先对图样进行分区，并创建元器件库。

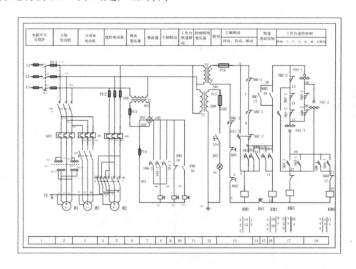

图 5-79　X62W 万能铣床电气控制原理图

知识点 1　X62W 万能铣床电气控制分析

- 主轴电动机 M1 有三种控制：正反转起动，反接制动和变速冲动。
- 工作台进给电动机 M2 有三种控制：进给、快速移动和变速冲动。
- M3 拖动冷却泵提供冷却液，只需单向运行。
- 为了能及时实现控制，机床设置了两套操纵系统，在机床正面及侧面都安装了相同的按钮、手轮和手柄，以实现两地控制操作方便。
- 为了保证安全，防止事故，机床有顺序的动作，采用了联锁。
- 三台电动机都设有过载保护，控制线路设有短路保护。工作台的 6 个方向，都设有终端保护。

知识点 2　电气原理图的绘制原则

- 电气原理图中的电器元件是按未通电和没有受外力作用时的状态绘制的。

在不同的工作阶段，各个电器的动作不同，触点时闭时开。而在电气原理图中只能表示出一种情况。因此，规定所有电器的触点均表示在原始情况下的位置，即在没有通电或没有发生机械动作时的位置。对接触器来说，此位置是线圈未通电，触点未动作时的位置；对按钮来说，是手指未按下按钮时触点的位置；对热继电器来说，是常闭触点在未发生过载动作时的位置等。

● 触点的绘制位置。

使触点动作的外力方向必须是：当图形垂直放置时为从左到右，即垂线左侧的触点为常开触点，垂线右侧的触点为常闭触点；当图形水平放置时为从下到上，即水平线下方的触点为常开触点，水平线上方的触点为常闭触点。

● 主电路、控制电路和辅助电路应分开绘制。

主电路是设备的驱动电路，是从电源到电动机大电流通过的路径；控制电路是由接触器和继电器线圈、各种电器的触点组成的逻辑电路，实现所要求的控制功能；辅助电路包括信号、照明、保护电路。

● 动力电路的电源电路绘成水平线，受电的动力装置（电动机）及其保护电器支路应垂直于电源电路。

● 主电路用垂直线绘制在图的左侧，控制电路用垂直线绘制在图的右侧，控制电路中的耗能元器件画在电路的最下端。

● 图中自左而右或自上而下表示操作顺序，并尽可能地减少线条和避免线条交叉。

● 图中有直接电联系的交叉导线的连接点（即导线交叉处）要用黑圆点表示。无直接电联系的交叉导线，交叉处不能画黑圆点。

● 在原理图的上方将图分成若干图区，并标明该区电路的用途与作用；在继电器、接触器线圈下方列有触点表，以说明线圈和触点的从属关系。

知识点 3　电气原理图图面区域的划分

图面分区时，竖边从上到下用英文字母，横边从左到右用阿拉伯数字分别编号。分区代号用该区域的字母和数字表示，如 A3、C6 等。图面上方的图区横向编号是为了便于检索电气线路，方便阅读分析而设置的。图区横向编号的下方对应文字（有时对应文字也可排列在电气原理图的底部）表明了该区元件或电路的功能，以利于理解全电路的工作原理。

知识点 4　电气原理图符号位置的索引

在较复杂的电气原理图中，对继电器、接触器线圈的文字符号下方要标注其触点位置的索引。而在其触点的文字符号下方要标注其线圈位置的索引。符号位置的索引，用图号、页次和图区编号的组合索引法，索引代号的组成如下：

图号
页次
图区号

当与某一元器件相关的各符号元素出现在不同图号的图样上，而每个图号仅有一页图样时，索引代号可以省去页次。当与某一元件相关的各符号元素出现在同一图号的图样上，而该图号有几张图样时，索引代号可省去图号。依次类推。当与某一元件相关的各符号元素出现在只有一张图样的不同图区时，索引代号只用图区号表示。

如 X62W 万能铣床电气控制原理图中图区 9 中接触器 KM 主触点下面的 16，即表示继电器 KM 的线圈位置在图区 16。

在电气原理图中，接触器和继电器的线圈与触点的从属关系，应当用附图表示。即在原理图中相应线圈的下方，给出触点的图形符号，并在其下面注明相应触点的索引代号，未使用的触点用"X"表明。有时也可采用省去触点图形符号的表示法，如图 5-80 所示，接触器 KM 和继电器 KA 相应触点的位置索引。

	KM				KA	
4	6	X		9	X	X
4	X	X		13	X	X
5				X		
				X		

图 5-80 省去触点图形符号的表示法

在接触器 KM 触点的位置索引中，左栏为主触点所在的图区号（有两个主触点在图区 4，另一个主触点在图区 5），中栏为辅助常开触点所在的图区号（一个触点在图区 6，另一个没有使用），右栏为辅助常闭触点所在的图区号（两个触点都没有使用）。

在继电器 KA 触点的位置索引中，左栏为常开触点所在的图区号（一个触点在图区 9，另一个触点在图区 13），右栏为常闭触点所在的图区号（4 个都没有使用）。

任务实施

第 1 步：创建新的图形文件。

单击 Windows 任务栏上的"开始"→程序→Autodesk→AutoCAD Electrical2014-简体中文（Simplified Chinese）→AutoCAD Electrical2014-简体中文（Simplified Chinese），进入绘图主界面。

第 2 步：设置图形界限。

根据图形的大小，设置图形界限为 297×210 横放比较合适。标准 A4 图纸。

（1）设置图形界限。

命令行提示如下：

命令：_limits　　　　　　　　　　　　　　　　　//选择"格式"→"图
形界限"菜单命令

重新设置模型空间界限：

指定左下角点或[开（ON）/关（OFF）]<0.0000，0.0000>：　　//按 Enter 键

指定右上角点<420.0000，297.0000>：　　　　　//输入新的图形界限，
297×210

（2）显示图形界限。设置了图形界限后，一定要通过显示"缩放"命令将整个图形
范围显示成当前的屏幕大小。最简捷的方法就是双击滚轮。

第 3 步：设置图层。　由于本图例线形少，因此不用设置图层，在 0 层绘制就可以了。

第 4 步：元器件的绘制。

（1）绘制位置开关符号。

位置和限制开关符号有动合位置和限制开关、动断位置和限制开关
符号。开关符号可以用画直线等绘图命令和旋转等编辑命令来完成。位
置开关如图 5-81 所示，限制开关如图 5-82 所示。

图 5-81　位置开关

命令：_line 指定第一点：

指定下一点或 [放弃（U）]：　<正交 开> 10

指定下一点或 [放弃（U）]：　<正交 关>

正在恢复执行 LINE 命令。

指定下一点或 [放弃（U）]：@7<115

指定下一点或 [闭合（C）/放弃（U）]：　<正交 开> *取消*

命令：_line 指定第一点：<极轴 开><捕捉 关>

指定下一点或 [放弃（U）]：5

命令：_line 指定第一点：　<极轴 开><对象捕捉 开>

命令：_line 指定第一点：

指定下一点或 [闭合（C）/放弃（U）]：2

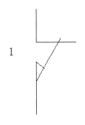

图 5-82　限制开关

（2）绘制灯泡。

命令: _circle 指定圆的圆心或 [三点（3P）/两点（2P）/切点、切点、半径（T）]:

指定圆的半径或 [直径（D）]: 5

命令: _xline 指定点或 [水平（H）/垂直（V）/角度（A）/二等分（B）/偏移（O）]: a

输入构造线的角度 （0）或 [参照（R）]: 45

指定通过点:

命令: _xline 指定点或 [水平（H）/垂直（V）/角度（A）/二等分（B）/偏移（O）]: a

输入构造线的角度 （0）或 [参照（R）]: 135

命令: _trim

当前设置: 投影=UCS，边=无

选择剪切边...

选择对象或 <全部选择>: 指定对角点: 找到 1 个

选择对象: 找到 1 个，总计 2 个

选择对象: 找到 1 个，总计 3 个

选择对象:

选择要修剪的对象，或按住 Shift 键选择要延伸的对象，或

命令: _line 指定第一点:

指定下一点或 [放弃（U）]: 10

指定下一点或 [放弃（U）]: *取消*

命令: _line 指定第一点:

指定下一点或 [放弃（U）]: <正交 开> 10

效果如图 5-83 所示。

（3）绘制桥式整流器。

图 5-83 灯泡的绘制

命令: _rectang

指定第一个角点或 [倒角（C）/标高（E）/圆角（F）/厚度（T）/宽度（W）]:

指定另一个角点或 [面积（A）/尺寸（D）/旋转（R）]: d

指定矩形的长度 <10.0000>: 7

指定矩形的宽度 <10.0000>: 7

指定另一个角点或 [面积（A）/尺寸（D）/旋转（R）]: 7

命令: _rotate

UCS 当前的正角方向: ANGDIR=逆时针 ANGBASE=0

选择对象: 指定对角点: 找到 1 个

指定旋转角度，或 [复制（C）/参照（R）] <0>: 45

命令: _line 指定第一点:

指定下一点或 [放弃（U）]: 6

指定下一点或 [放弃（U）]: *取消*

命令: _line 指定第一点:

指定下一点或 [放弃（U）]: 6

指定下一点或 [放弃（U）]: *取消*

命令: _line 指定第一点:

指定下一点或 [放弃（U）]: 6

指定下一点或 [放弃（U）]: *取消*

命令: _polygon 输入边的数目 <4>: 3

指定正多边形的中心点或 [边（E）]:

输入选项 [内接于圆（I）/外切于圆（C）] <I>: I

指定圆的半径: 1

UCS 当前的正角方向: ANGDIR=逆时针 ANGBASE=0

选择对象: 找到 1 个

指定旋转角度，或 [复制（C）/参照（R）] <45>: *取消*

命令: _rotate

UCS 当前的正角方向: ANGDIR=逆时针 ANGBASE=0

选择对象: 找到 1 个

指定旋转角度，或 [复制（C）/参照（R）] <45>:

命令: _.undo 当前设置: 自动 = 开，控制 = 全部，合并 = 是，图层 = 是

输入要放弃的操作数目或 [自动（A）/控制（C）/开始（BE）/结束（E）/标记（M）/后退（B）] <1>: 1 ROTATE GROUP

命令: _rotate

UCS 当前的正角方向: ANGDIR=逆时针 ANGBASE=0

选择对象: 找到 1 个

指定旋转角度，或 [复制（C）/参照（R）] <45>: 30

命令: _.undo 当前设置: 自动 = 开，控制 = 全部，合并 = 是，图层 = 是

输入要放弃的操作数目或 [自动（A）/控制（C）/开始（BE）/结束（E）/标记（M）/后退（B）] <1>: 1 ROTATE GROUP

命令: _rotate

UCS 当前的正角方向: ANGDIR=逆时针 ANGBASE=0

选择对象: 找到 1 个

指定旋转角度，或 [复制（C）/参照（R）] <45>: 30

命令: _line 指定第一点:

指定下一点或 [放弃（U）]: 2

指定下一点或 [放弃（U）]: 2

指定下一点或 [闭合（C）/放弃（U）]: *取消*

命令: _.erase 找到 1 个

命令: _line 指定第一点:

指定下一点或 [放弃（U）]: 2

指定下一点或 [放弃（U）]: *取消*

命令: _line 指定第一点:

指定下一点或 [放弃（U）]: 10

指定下一点或 [放弃（U）]: *取消*

指定下一点或 [放弃（U）]: 10

效果如图 5-84 所示。

图 5-84　绘制桥式整流器

第 5 步：图形绘制。

（1）绘制边框和图面分区。用绘制矩形▢、直线🖊、偏移📁、修剪🖊、多行文字**A**等命令先绘制出边框和图面分区，如图 5-85 所示。

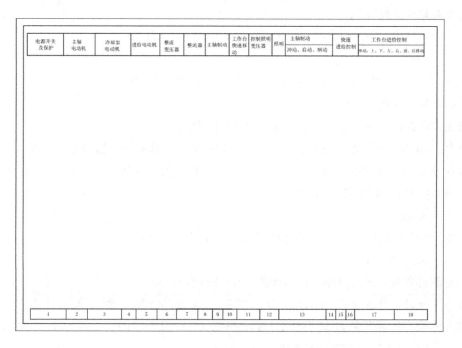

图 5-85　绘制边框和标题栏

（2）用绘制"矩形"命令▢，将要绘制的图分成 4 个区域，如图 5-86 所示。

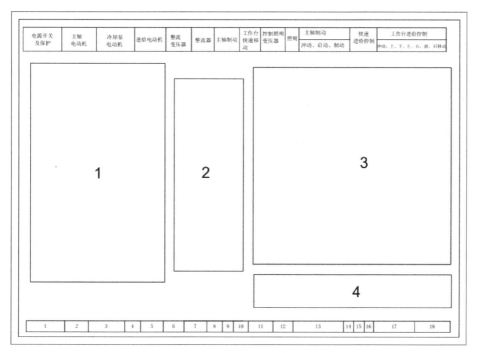

图 5-86　电气控制原理图分成四个区域

（3）用矩形 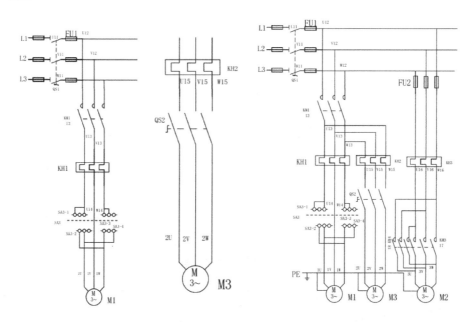、直线、圆、复制、镜像、偏移、修剪、多行文字，插入图块等命令，绘制 1 区内图形步骤如图 5-87 所示。

图 5-87　区内图形的画法

（4）用矩形、直线、圆、复制、偏移、修剪、多行文字，插入图块等命令，绘制 2 区内图形，步骤如图 5-88 所示。

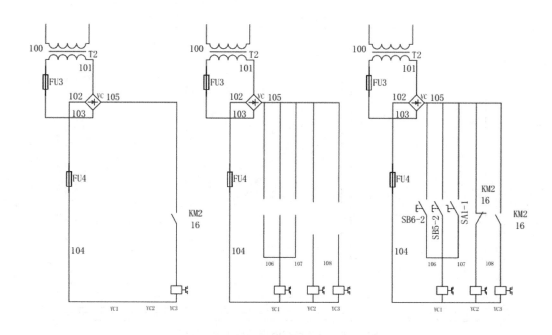

图 5-88　2 区内图形的画法

（5）用矩形 ▣、直线 ╱、修剪 ╶╴╴、多行文字 Ａ，插入图块等命令，绘制 3 区内图形，步骤如图 5-89 所示。

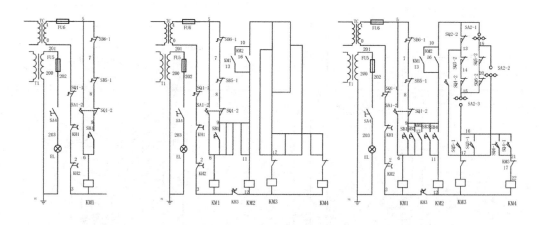

图 5-89　3 区内图形的画法

（6）用直线 ╱、圆 ◯、复制 ❄、修剪 ╶╴╴、多行文字 Ａ 等命令，绘制 4 区内图形，步骤如图 5-90 所示。

KM1			KM2			KM3			KM4		
2	14	x	x	10	9	5	x	18	4	x	17
2	15	x	x	16	x	5	x	x	4	x	x
2			x			5			4		

图 5-90　4 区内图形的画法

（7）用移动 ⊕ 、对象捕捉命令，将绘制的四个区图形进行对接，完成图形绘制，如图 5-91 所示。

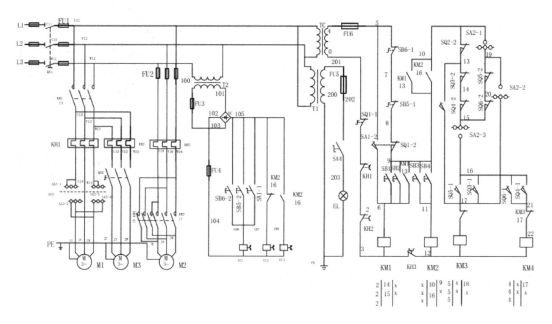

图 5-91　四个区图形进行对接

绘制如图 5-92 所示的典型电路工程图。

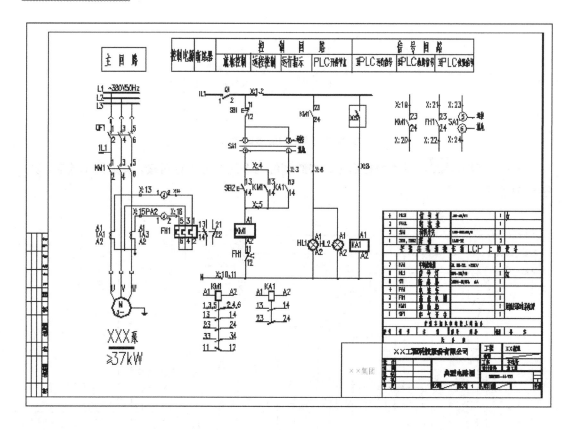

图 5-92　典型电路工程图

任务三　绘制建筑电气平面图形

- 掌握多线的设置、使用
- 了解建筑电气平面图绘制的基本要求
- 能够独立绘制建筑电气平面图形

根据已学知识内容，绘制建筑电气平面图形，并按图 5-93 中要求标注尺寸。

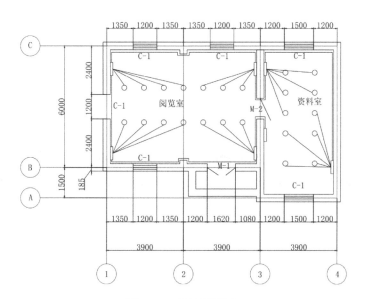

图 5-93　建筑平面图

知识点 1　多线

多线是一种组合图形，由许多条平行于线组合而成，各条平行线之间的距离和数目是可以随意调整的。多线的用途很广，而且能够极大地提供绘图效率。多线一般用于电子线路图、建筑墙体的绘制等。

"多线"命令可以绘制任意多条平行线的组合图形，启用"多线"命令的执行方式如下。

- 命令行：在命令行中输入或动态输入"MLINE"命令，其快捷键命令为 ML。
- 菜单栏：执行"绘图"、"多线"菜单命令。

启动该命令后，根据如下提示进行操作。

命令：MLINE // 调用多线命令

当前设置：对正 = 上，比例 = 20.00，样式 = STANDARD // 显示当前的多线的设置情况

指定起点或 [对正（J）/比例（S）/样式（ST）]: // 绘制多线并进行设置

在"多线"命令提示行中，各选项的具体说明如下。

◎对正（J）：用于指定绘制多线时的对正方式，共有 3 种对正方式，即"上（T）"是指从左向右绘制多线时，多线最上端的线会随着鼠标移动；"无（Z）"是指多线的中心将随着鼠标移动；"下（B）"是指从左向右绘制多线时，多线最下端的线会随着鼠标移动。其三种对正方式的效果比较如图 5-94 所示。

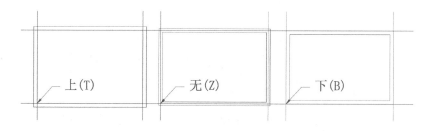

图5-94　不同的对正方式

◎比例（S）：此选项用于设置多线的平行线之间的距离。可输入 0、正值或负值，输入 0 时各平行线就重合，输入负值时平行线的排列将倒置。其不同比例的多线效果比较如图 5-95 所示。

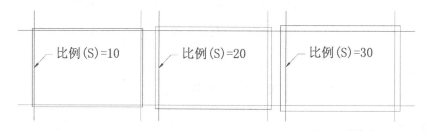

图95　不同的比例因子

◎样式（ST）：此选项用于设置多线的绘制样式。默认的样式为标准型（STANDARD），用户可根据提示输入所需多线样式名。

如在命令行中输入"多线"的快捷命令 ML，根据提示"指定起点或 [对正（J）/比例（S）/样式（ST）]:"，输入"J"设置对正方式为"无（Z）"，然后按空格键确定。再根据提示输入"S"，设置比例为 240，按空格键确定。然后沿着起点 A 和端点 B，绘制多线，从而绘制好墙体轮廓，如图 5-96 所示。

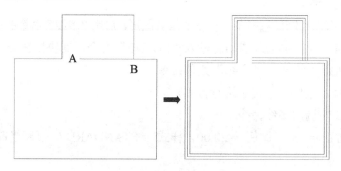

图5-96　使用多线绘制墙体

知识点2　电气照明平面图的基本绘制原则

1．电气设备的表示

在电气照明平面图中，照明电气设备用图形符号、文字符号或简化外形表示。电气照明设备平面图中的常用图形符号（见表5-3）和常用电光源种类代号（见表5-4）。常用灯具类型的符号，如表5-5所示。常用灯具安装方式的标注，如表5-6所示。

表5-3 电气照明设备平面图中的常用图形符号

名称	图形符号	名称	图形符号
单极开关		球形灯	●
双极开关		荧光灯	
双控单极开关		壁灯	
配电箱	▬▬▬	花灯	⊗
垂直通过配线		单向三孔插座	
单极拉线开关		单向插座	
电风扇	∞		

表5-4 常用电光源种类代号

电光源种类	代号	电光源种类	代号	电光源种类	代号
氖灯	Ne	汞灯	Hg	弧光灯	ArC
氙灯	Xe	碘钨灯	I	荧光灯	FL
钠灯	Na	白炽灯	IN	电发光灯	EL

表5-5 常用灯具类型的符号

灯具名称	符号	灯具名称	符号	灯具名称	符号
普通吊灯	P	柱灯	Z	荧光灯灯具	Y
壁灯	B	卤钨探照灯	L	隔爆灯	B
花灯	H	投光灯	T	水晶底罩灯	J
吸顶灯	D	工厂一般灯具	G	放水防尘灯	F

表5-6 常用灯具安装方式的标注

安装方式	代号	安装方式	代号	安装方式	代号
链吊式	C	线吊式	CP	嵌入式	R
管吊式	P	吸顶式	—	壁装式	W

2. 电气设备的标注

在电气照明平面图中，电气设备通常不标注项目代号，但要标注设备的编号、型号、规格、数量、安装和敷设方式等信息。通常电气设备的标注方式如表5-7所示。

表 5-7　电气设备的标注方式

类别	标注方式	说明	举例
电力和照明设备	1．一般标注法 $a\dfrac{b}{c}$ 或 a-b-c 2．引入线的规格 $a\dfrac{b-c}{d(e\times f)-g}$	a—设备编号 b—设备型号 c—设备功率 d—导线型号 e—导线根数 f—导线截面 g—导线敷设方式及部位	$2\dfrac{Y}{10}$ 表示电动机编号为 2，型号为 Y 系列笼型感应电动机，额定功率为 10kW
开关及熔断器	1．一般标注法 $a\dfrac{b}{c/i}$ 或 a-b-c/i 2．标注引入线的规格 $a\dfrac{b-c/i}{d(e\times f)-g}$	a—设备编号 b—设备型号 c—额定电流 d—导线型号 e—导线根数 f—导线截面 g—导线敷设方式及部位 i—整定电流或熔体额定电流	HK-10/2 表示开启式负荷开关，串联熔断器，额定电流为 10A，2 级
照明灯具	1．一般标注法 $a-b\dfrac{c\times d\times L}{e}f$ 2．灯具吸顶安装 $a-b\dfrac{c\times d\times L}{-}$	a—灯数 b—型号或编号 c—每盏灯具的照明灯泡数 d—灯泡容量 e—灯泡安装高度 f—安装方式 L—光源种类	$3-Y\dfrac{2\times 40}{2.5}C$ 表示房间内有 3 盏型号相同的荧光灯（Y），每盏灯由 2 支 40W 灯管组成，安装高度 2.5m，链吊式安装
交流电	m～fu	m—相数 f—频率 u—电压	～220V 表示单相交流电 220V

3．照明接线的表示方法

在电气照明平面图中，照明接线主要有直接接线法和共头接线法两种方式。

直接接线法是用导线从线路上直接引线连接，导线中间允许有接头的接线方法。如图 5-97 所示，灯 E1 的相线引自开关 S1，而中性线则是在总中性线 N 上接出的，这样，在总中性线上有接点。图 5-97（b）中的细虚线表示在平面布置图 5-97（a）中，此处应示出 3 根导线。直接接线法虽然能够节省导线，但不便于检测维修，使用并不很广。在图 5-97 中，开关 S1 控制灯 E1，开关 S2 控制灯 E2，开关 S3 控制灯 E3。

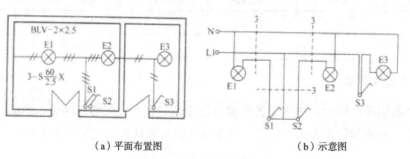

（a）平面布置图　　　　　　　　（b）示意图

图 5-97　直接接线法

公头接线法是导线只能通过设备的接线端子引线，导线中间不允许有接头的接线方法。如图 5-98 所示，灯 E1 的相线引自开关 S1，而中性线直接引自总中性线 N；灯 E2 的相线引自开关 S2，中性线引自灯 E1。这样，总中性线只能通过灯的接线端子接线，在其中间没有任何接头。图 5-98（b）中的细节虚线表示在平面布置图 5-98（a）中，此处应出的导线根数。采用公头接线法导线用量较大，但由于其可靠性比直接接线法高，且检修方便，因此被广泛采用。

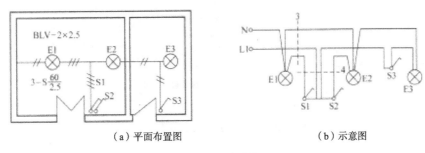

（a）平面布置图　　　　　　　　　（b）示意图

图 5-98　公头接线法

4．基本照明控制电路的表示方法

在电气照明平面图中，常用基本照明控制电路的表示方法如表 5-8 所示。为便于理解，表中还列出了与之对应的电路图和示意图。

表 5-8　常用基本照明控制电路的表示方法

方法	1 只开关控制 1 盏灯电路	2 只双联开关在 2 处控制 1 盏灯电路
平面图		
电路图		
示意图		

5．图上位置的表示方法

在电气照明平面图中，通常采用定位轴线法来确定电气设备和线路图的图形符号在图上的位置。定位轴线法一般以建筑图上的承重墙、柱、梁等主要承重构件的位置为轴线，在水平方向上，按从左至右的顺序给轴线标注数字编号；在垂直方向上，按从上到下的顺序给轴线标注字母编号；数字和字母分别用点画线引出，如图 5-99 所示。

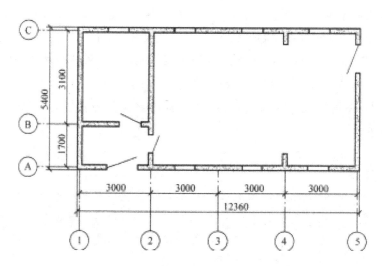

图 5-99　建筑物定位轴线标注示例

 任务实施

第 1 步：创建图形文件。

从桌面或程序菜单启动 AutoCAD Electrical 2014 后，用创建新图形或是样板文件创建一个新的文件。将此文件命名为"建筑电气平面图"进行保存，选择"文件"→"另存为"菜单命令，保存到用户自己指定的磁盘位置。

第 2 步：设置图形界限。

根据图形的大小和 1:1 作图原则，设置图形界限为 29700×21000 横放比较合适。

（1）设置图形界限。

命令:_limits　　　　　　　　　　　　　　　//选择"格式"→"图形界限"菜单命令
重新设置模型空间界限:
指定左下角点或[开（ON）/关（OFF）]<0.0000，0.0000>:　　　//按 Enter 键
指定右上角点<420.0000，297.0000>:29700，21000　　　　//输入新的图形界限

（2）显示图形界限。

设置了图形界限后，一定要通过显示"缩放"命令将整个图形范围显示成当前的屏幕大小。最简捷的方法就是单击缩放工具栏中的"全部缩放"按钮 ，即可。

第 3 步：创建图层，并设置其颜色、线型、线宽。

根据图 5-93 中的线型要求，在"图层管理器"中设置轴线、墙体线、标注三个线型即可，如图 5-100 所示。

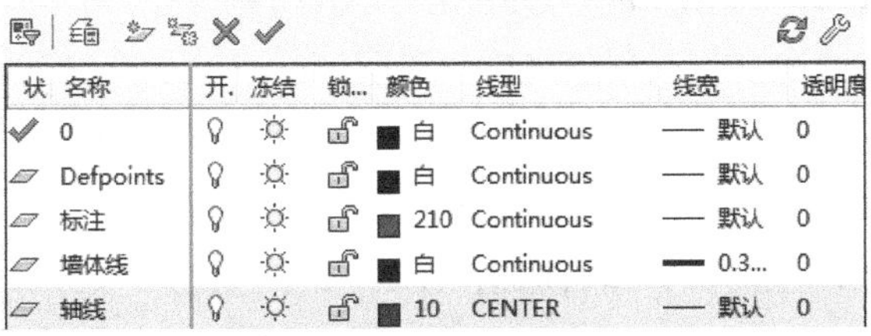

图 5-100 创建图层

第 4 步：绘制图形。

（1）在轴线层中用构造线 ![], 偏移 ![], 修剪 ![] 命令绘制轴线，命令行提示如下。

命令: _xline   //执行 ![] 命令

指定点或 [水平（H）/垂直（V）/角度（A）/二等分（B）/偏移（O）]: h

          //选择"水平"选项，按 Enter 键

指定通过点: //在绘图区适当位置单击一点

指定通过点: //按 Enter 键结束

命令: XLINE   //按 Enter 键，再次执行 ![] 命令

指定点或 [水平（H）/垂直（V）/角度（A）/二等分（B）/偏移（O）]: v

          //选择"垂直"选项，按"Enter"键

指定通过点: //在绘图区适当位置单击一点

指定通过点: //按 Enter 键结束

命令: _offset   //执行 ![] 命令

当前设置: 删除源=否   图层=源   OFFSETGAPTYPE=0

指定偏移距离或 [通过（T）/删除（E）/图层（L）] <1500.0000>:6000

               //输入由 C 轴线偏向 B 轴线距离

选择要偏移的对象，或[退出（E）/放弃（U）]<退出>:   //选择水平构造线

指定要偏移的那一侧上的点，或 [退出（E）/多个（M）/放弃（U）] <退出>:

               //在构造下方单击

选择要偏移的对象，或 [退出（E）/放弃（U）] <退出>: // 按 Enter 键结束命令

命令: OFFSET   //按 Enter 键再次执行 ![] 命令

当前设置: 删除源=否   图层=源   OFFSETGAPTYPE=0

指定偏移距离或 [通过（T）/删除（E）/图层（L）] <6000.0000>:1500

               //输入由 C 轴线偏向 B 轴线距离

选择要偏移的对象，或 [退出（E）/放弃（U）] <退出>:   //选择 B 轴线

指定要偏移的那一侧上的点，或 [退出（E）/多个（M）/放弃（U）] <退出>:

               //在 B 轴线下方单击

选择要偏移的对象，或 [退出（E）/放弃（U）] <退出>:   // 按 Enter 键结束命令

命令:OFFSET   //按 Enter 键再次执行 ![] 命令

当前设置: 删除源=否　图层=源　OFFSETGAPTYPE=0

指定偏移距离或 [通过（T）/删除（E）/图层（L）] <1500.0000>:3900

            //输入垂直轴线偏移距离

选择要偏移的对象，或 [退出（E）/放弃（U）] <退出>:　//选择垂直构造线

指定要偏移的那一侧上的点，或 [退出（E）/多个（M）/放弃（U）] <退出>:

          //在垂直构造线右侧单击，完成①→②

选择要偏移的对象，或[退出（E）/放弃（U）]<退出>:　//选择②轴线

指定要偏移的那一侧上的点，或 [退出（E）/多个（M）/放弃（U）] <退出>:

           //在②右侧单击，完成②→③

选择要偏移的对象，或 [退出（E）/放弃（U）] <退出>:　//按 Enter 键结束命令

命令: _trim　 //执行修剪命令

当前设置:投影=UCS，边=无　 //系统提示当前的设置

选择剪切边...　 //系统提示

选择对象或 <全部选择>:　找到　 //选择最外面的直线和③轴线为边界

选择对象:　 //按 Enter 键确认

选择对象:　 //选择外面所有对象

（2）使用直线和圆命令绘制圆圈，并在轴圈上编号，其中轴圈大小为 800，结果如图 5-101 所示。

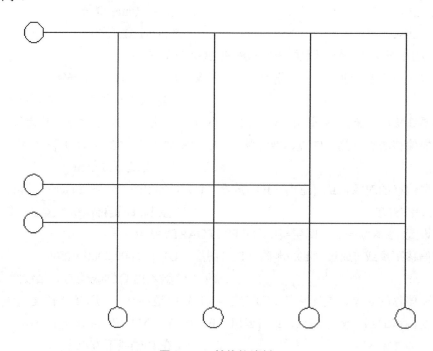

图 5-101　轴线的绘制

（3）设置"墙体"多线样式　选择"格式"→"多线样式"命令，打开"多线样式"对话框，单击 新建(N)... 按钮，如图 5-102 所示。在弹出的"创建新的多线样式"对话

框的"新样式名"文本中输入"墙体",如图 5-103 所示。

图 5-102　"多线样式"对话框　　　　　　图 5-103　新建"墙体"样式

单击　继续　按钮,打开"新建多线样式:墙体"对话框,在"图元"栏的列表框中选中第一条直线元素,在"偏移"文本框中输入"185";选中第二条直线元素,在"偏移"文本框中输入"-185",在"封口"栏中选中"直线"选项后的两个复选框,如图 5-104所示。单击　确定　按钮,返回"新建多线样式:墙体"对话框,此时可以看到创建"墙体"多线及预览效果,如图 5-105 所示。单击　确定　按钮,关闭对话框。

图 5-104　"新建多线样式:墙体"对话框

图 5-105　墙体样式预览

（4）设置"窗户"多线样式。按照设置"墙体"样式的方法设置"窗户"的多线样式，在"图元"栏的列表框中选中第一条直线元素，在"偏移"文本框中输入"185"；选中第二条直线元素，在"偏移"文本框中输入"-185"，在两条直线中间添加三条线，分别为 90、0 和-90，如图 5-106 所示。"窗户"样式预览效果如图 5-107 所示。

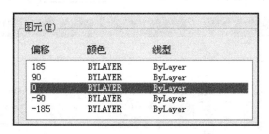

图 5-106　"窗户"样式图元设置

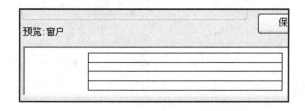

图 5-107　"窗户"样式预览效果

（5）启用绘制"多线"命令绘制墙体和窗户。

命令: _mline　　　　　　　　　　　　　　　　　//选择"绘图"→"多线"执行多线命令

当前设置: 对正=上，比例=1.00，样式=墙体　　　　//系统提示当前多线设置

指定起点或[对正（J）/比例（S）/样式（ST）]:j　　　//选择"对正"选项

输入对正类型[上（T）/无（Z）/下（B）]z　　　　//选择"无"选项

当前设置: 对正=无，比例 = 1.00，样式=墙体　　//系统提示设置后的多线样式

指定起点或 [对正（J）/比例（S）/样式（ST）]:　　//捕捉①轴和 C 轴的交点为起点,

"正交"打开，水平输入 1350，结束命令。按 Enter 键，重复"多线"命令。

命令:MLINE　　　　　　　　　　　　　　　　//执行"多线"命令

当前设置: 对正=无，比例 = 1.00，样式=墙体　　//系统提示当前多线设置

指定起点或[对正（J）/比例（S）/样式（ST）]:ST　//转换多线样式

输入多线样式名或 [?]:窗户　　　　　　　　　　//输入"窗户"样式名称

当前设置: 对正 = 无，比例 = 1.00，样式=窗户　　//系统提示当前多线设置

指定起点或[对正（J）/比例（S）/样式（ST）]:　　//单击上一个墙体结束点，输入

　　　　　　　　　　　　　　　　　　　　　　1200，窗户绘制完成

继续执行"多线"命令，在"墙体"和"窗户"之间进行切换，就可以轻松地绘制完成墙体和窗户了。

（6）编辑墙体和窗户。在墙体与墙体交接处可以通过多线编辑来进行，也可以将"多线"进行分解，然后利用修剪命令来进行编辑。绘制结果如图 5-108 所示。

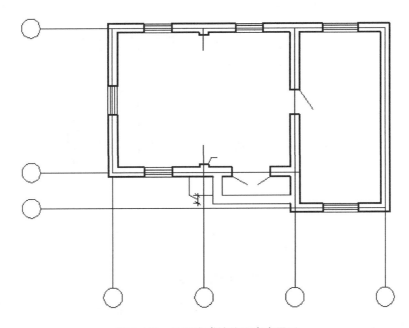

图 5-108　绘制完成墙体和窗户图形

（7）根据图中的位置，用矩形 、直线 、圆 、复制 、修剪 等命令绘制灯开关箱的位置和所控制灯的位置图，如图 5-109 所示。

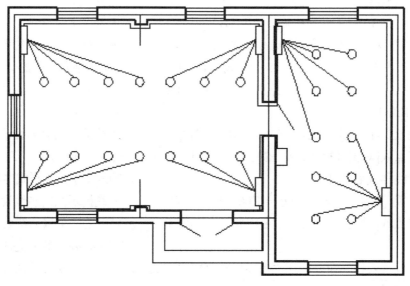

图 5-109　绘制灯开关箱

（8）补全图中其他部分，对图形进行文本标注，运用多行文字，文字高度为 500，如图 5-110 所示。

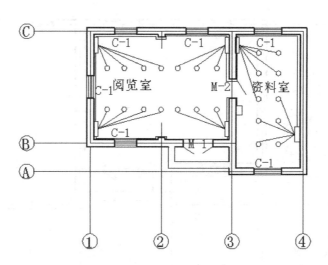

图 5-110　图形文本标注完成图

（9）尺寸标注。设置尺寸标注样式，文字高度为 300，箭头为建筑形式，采用连续标注。完成图形绘制，如图 5-93 所示。

拓展任务

某楼房的电气平面图，如图 5-111 所示。

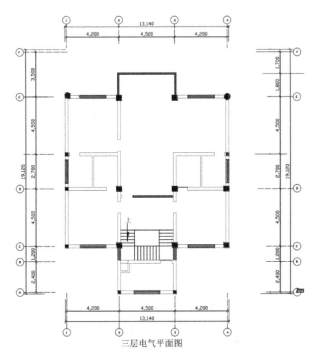

三层电气平面图

图 5-111 某楼房的电气平面图

附录 练习图形

一、平面图形练习

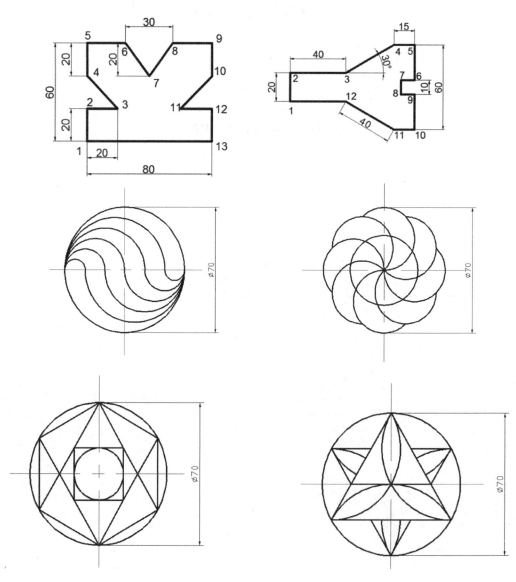

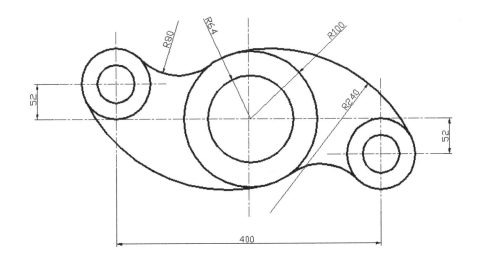

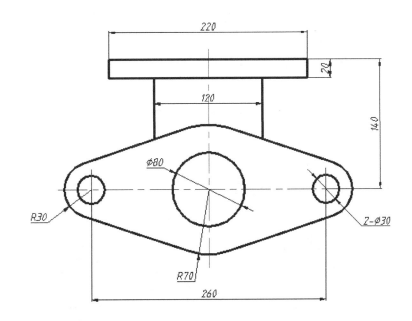

二、零件图练习图

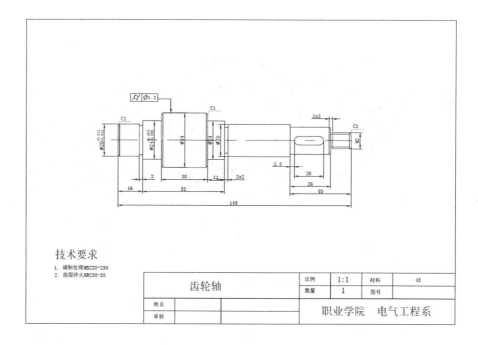

技术要求
1. 调制处理HB220-250
2. 齿圈淬火HRC50-55

齿轮轴	比例	1:1	材料	45
	数量	1	图号	
姓名			职业学院　电气工程系	
审核				

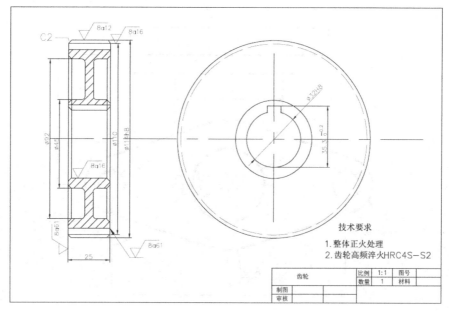

技术要求

1. 整体正火处理
2. 齿轮高频淬火HRC4S-S2

齿轮	比例	1:1	图号	
	数量	1	材料	
制图				
审核				

三、电路图练习图

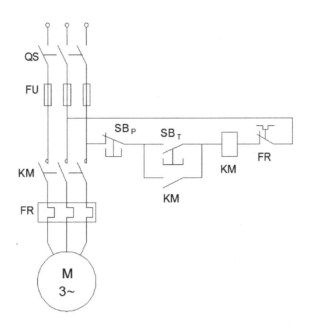

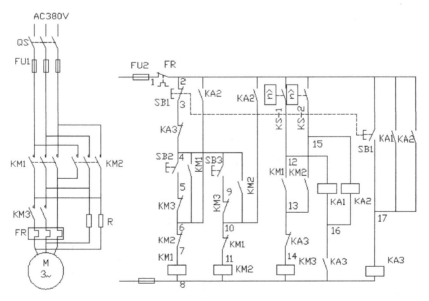

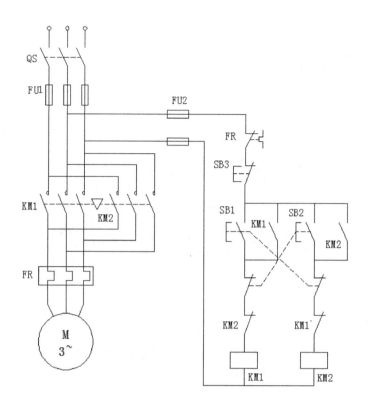

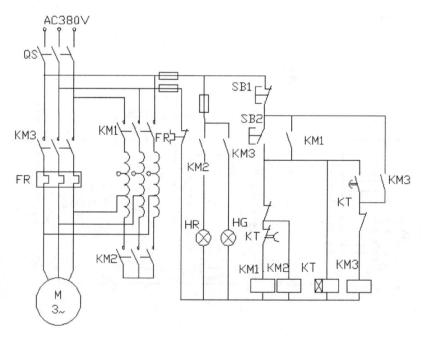